KB028635

주산과 수학의 만남

주산과 수학의 만남

펴낸날 2022년 2월 14일

지은이 박만석
펴낸이 주계수 | **편집책임** 이슬기 | **꾸민이** 전은정

펴낸곳 밥북 | **출판등록** 제 2014-000085 호
주소 서울시 마포구 양화로 59 화승리버스텔 303호
전화 02-6925-0370 | **팩스** 02-6925-0380
홈페이지 www.bobbook.co.kr | **이메일** bobbook@hanmail.net

© 박만석, 2022.
ISBN 979-11-5858-853-3 (13410)

※ 이 책은 저작권법에 따라 보호받는 저작물이므로 무단전재와 복제를 금합니다.

필수 수학 놀이 학습 도구…

주산의 부활!

이제 주산경기대회의 한 종목으로, 기초수학이 필수가 되었다!!

주산과 수학의 만남

박만석 종합편

… 1960년대 이후 한국 주산을 세계 최강으로 이끈,

3회 연속 '국제 주산왕' 수상자가 전성기 때의 기록을 담아,

주산 암산과 수학 풀이 연결의 핵심 포인트 특강!

$\div$ % $\dfrac{2}{5}$ =0.4 $+$ $\dfrac{8}{100}$ =0.08

$\sqrt{}$

$\times$ a^2 $1\dfrac{1}{2}$ $-$ $\dfrac{5}{3}$

%P

밥북
BOB-K

| 머리말 |

주판(珠板)을 이용한 계산 도구로서의 주산(珠算)은, 1960~80년대까지만 해도 세계적으로 韓·中(대만)·日 동양 3 국의 전유물이다시피 했고, 선수층의 실력은 그중 한국이 단연 최강국이었다. 그러나 그후 주산은 컴퓨터 발달에 밀려 많이 사양화되어 왔는데, 유독 한국은 그 열기마저 크게 시들어져 세간의 관심 밖으로 사라지고 있었던 반면에, 주산을 거의 모르고 있다시피 했던 동남아시아·구미(歐美) 등 외국에서 오히려 지금 주산을 더 배우려고 난리라는 신문기사를, 얼마 전(前)에 많은 주산인(珠算人)들이 접(接)한 바 있었을 것이다.

다시 부는 주산 열풍… 외국에서 더 난리[1]

상당 기간 주산계를 떠나 있었던 필자는, 주변 지인(知人)들로부터 "장본인이었던 당신은 지금 뭐 하고 있는 거냐"는 질책을 받고, 심히 부끄러움과 자책감을 감추지 못하고 있었다. 이제부터라도 한국 주산계의 발전과 후진들 양성을 위해 필자도 전면에 나서야겠다고 결심하고, 그 첫걸음으로 직접 책을 내서 뜻을 펼침으로써, 주산계에 작으나마 기여를 해야겠다고 마음먹게 되었다.

처음에 이 책의 보급 대상으로 누구한테 초점을 맞추어야 할지가 상당히 고민스러웠으나, 필자 자신의 과거 선수 시절의 경험을 바탕으로 하여 '상급반과 선수들'을 모두 망라

---

1) 조선일보 2017년 1월 21일자 B3면 (김수경 기자)
    2016년 12월 '한국주산암산수학연구회'가 주최한, 세계 주산 경기대회 장면(세계 총 17개국 약 4천여 명 참석)

한 종합 교재를 만드는 것이 효과적이겠다 싶어, 학생·학부모·지도교사 공용(共用)으로 아우르기로 하였다.

무릇 책은 읽기 편하고, 이해하기 쉽고, 재미있어야 한다는 평소 지론(持論)으로 초안을 잡아 보았지만 '숫자 계산'이라는 딱딱한 소재를 독자들에게 어떻게 더 재미있게 읽어 나가게 할 수 있을지가 계속 고민이었다. 그러다가 필자가 전달하고자 하는 뜻을 보다 더 실감 나게 이해하고 재미있게 읽어 나가게 하기 위하여, 과거 우리나라 주산계의 영광과 관련된 '에피소드' 및 필자의 일부 회고담도 곁들였으니 이 점 널리 이해해 주시기 바란다.

앞으로 각종 주산 경기대회에서 필수 '종목'으로 '기초 수학'이 추가된 만큼, 이 책은 일단 주산과 주산式 암산을 활용한 기초 수학 학습 전반에 걸친 '종합편'으로서, 학생들에게 주산을 연산(演算) 능력 향상과 필수 수학 학습 도구로 활용시키는 데에 역점(力點)을 두고 '강의식'으로 집필하였다.

4차 산업 혁명 시대를 맞이하여 '주산'도 '디지털 온라인' 내지 'AI 학습'으로 발전될 수밖에 없는 시대적 요청에 대비하여, 앞으로 오프라인 학습뿐만 아니라 온라인 학습까지도 '국제주산수학연합회 한국위원회' 주도로 전 세계적인 '글로벌' 주산 보급 사업이 체계적으로 진행될 예정이다. 주산은 이미 전 세계적으로 홍보가 되어 있는 상태이기 때문에, 과거에는 상상하기조차 어려웠던 '글로벌' 사업도 이제는 큰 어려움 없이 진행될 수 있으리라고 본다.

지금까지 수십 년간을 오로지 주산 외길로 걸어오시고, 고령의 몸으로 국내외 주산계 여러 단체와 회사를 이끌고 계시는 '국제주산수학연합 한국위원회' 황호중 회장님의 헌

신적인 노고에 깊은 경의를 표함과 아울러, 이 책이 완성되기까지 필자에게 바쁜 시간을 마다하지 않고 여러 가지 참고 자료를 제공해 주시고 편집을 도와주신 관계자 여러분께 이 지면을 빌려 심심한 감사의 인사를 드린다.

2022. 01.

박만석

이 책의 저자는 본인의 모교(母校)인 (舊) 벌교상업고등학교의 후배이자 제자이었다. 저자가 1960년대 초반에 국제 주산 경기대회에서 3회 연속 우승으로 국위를 선양해 주었던 그때의 감격은, 지금도 눈에 선하고 자랑스럽기만 하다.

황호중
- 국제주산수학연합회 총회
  한국위원회 회장
- (사)한국주산 각 단체 지도위원

당시엔 우리나라가 4·19 혁명과 5·16 군사정변 등으로 국가적인 혼란기를 겪고 있었고, 국제적으로 특별히 내놓을 만한 자랑거리도 없었던 때라 그 성과는 더욱 빛나고 값진 것이었다.

그 여파로 은행 등 금융 기관에서는 국내 상업계(商業系) 중·고등학교의 주산 선수들을 대거 특채(特採)하다시피 주산을 필요로 하였으며, 대한상공회의소 등 공공 기관에서 매년 정기적으로 급수 시험과 각종 대회 등의 행사를 주관함으로써, 우리나라도 한동안은 일본이나 중국 못지않게 전 국민적인 주산 보급의 저변 확대가 이루어지고 있었다.

그러다가 1980년대 이후 전자계산기와 컴퓨터 시대가 본격 도래되면서, 주산은 점차 금융 기관과 공공 기관에서마저 관심 밖이 되고 유독 우리나라만 그 열기가 시들어진 현실이 늘 안타까웠는데, 2000년대에 들어서면서부터 다시 학부모들 사이에서 주산의 필요성이 재인식되면서, 방과 후 수업으로나마 주산 교육이 활기를 되찾고 있어 다행으로 여기고 있는 참이었다.

이는 말할 것도 없이 '주산'과 '주산式 암산'의 실질적인 필요성, 즉 주산을 잘하게 됨으로써 학생들의 수학 학습에 필수적으로 도움되는 두뇌 계발, 집중력, 기억력, 창의력, 논리력 향상에 주산만큼 이(利)로울 게 없다는 판단에서 비롯된 것이라고 할 것이다.

이러한 현실에서 이번에, 과거 '국제 주산왕'으로 이름을 세계에 떨쳤던 저자가 직접 주산 교재를 출판하겠다고 하여 원고(原稿)를 본바, 주산의 필요성 등을 단계적으로 관계되는 내용 설명 中에서 이해하기 쉽고 재미있게 피력하였을 뿐만 아니라, 앞으로 주산 경기 '종목'으로 기초 수학이 필수가 됨에 따라 학생들이 어려워한다는 수학 문제 풀이에도 역점(力點)을 두어, 누구나 이 교재를 적극적으로 활용하는 것이 좋겠다는 강력한 바람으로 추천하게 되었다.

특히 초보자에게 꼭 필요한 필수적이고 핵심적인 기초지식은 순서에 따라 설명이 잘되어 있는 데다가, 내용이 중복되거나 지루하지 않으면서 정확한 표현과 세련된 문장력으로 과거의 '에피소드' 및 이 책 내용과 관련된 다양한 문화 정보들도 게재하여, 읽는 재미를 한층 더 더해 준 것 또한 실로 감탄을 금치 못하였다.

앞으로 학생들은 물론, 학부모와 지도교사 등에 이르기까지 '주산식 암산과 기초 수학 학습의 강의式 종합편'으로서, 특히 작금(昨今)과 같은 '비대면(非對面) 온라인' 학습 시대에 특별히 학원에 의존하지 않더라도 매우 유익한 자가(自家) 학습 교재가 될 수 있다고 믿어 의심치 않는다.

지금까지 60여 년 이상, 주산 보급 활동의 외길을 걸어왔던 본인에게 이렇게 훌륭한 후배가 있었단 게 너무 자랑스럽다. 백만 대군을 얻은 것과 다름없이 든든하고, 동반자로서 함께 세계를 누비며 저자가 뒷부분에서 역설하고 있는 향후 추진 과제 달성과 주산 보급 사업에도 더욱 박차를 가할 생각이다.

2022. 01.

황호중

차례

제1장

주산(珠算)과 컴퓨터[전자계산기]

제2장

필수 수학 학습 도구로서의 '주산'과 '수학'

제3장

학부모와 지도교사 등의 유념 사항

제4장

'주산 종목'별 비법과 요령 핵심

제5장

'수학 종목' 문제 풀이 길잡이
– 수학 관련 제(諸) 개념과 공식의 의미 이해 및 적용

제6장

주산의 미래와 향후 추진 과제

제1장

주산(珠算)과 컴퓨터[전자계산기]

1. 주산과 컴퓨터는 공생(共生), 공존(共存) 관계이다

2. 주산의 목표는 '주산式 암산(暗算)'이다

3. 주산식(式) 암산의 비법(秘法)과 요령

주산과 컴퓨터는
공생(共生), 공존(共存) 관계이다

우 리나라도 오래전부터 전자계산기가 급속하게 보급되어, 가감산이나 승제산 등 사칙연산(四則演算)뿐만 아니라 제곱근·퍼센트 계산 등 까지도 쉽게 할 수 있는 명함 크 기의 전자계산기를 싼값에 손쉽게 넣을 수 있게 되어 매우 편리해졌다.

더욱이 요즘에는 실제 어떤 계산할 일이 있을 때 휴대하고 있는 핸드폰을 꺼내서도 두 드리면 바로 답이 나오는 시대여서, 많은 사람이 주판은 이제 낡은 것이란 말에 동감하 고 있고, 주산(!) 하면 필요 없다고 다들 고개를 저어 버리는데, 여기서 우리는 중요한 사 실 한 가지를 간과하고 있다.

일본의 '사에끼 유타까' 교수가 〈새로운 컴퓨터와 교육〉이라는 책에서, 전자계산기를 예 로 들어 주산의 필요성[2]을 다음과 같이 강조하였다.

'편리해서 사용하기 쉬운 도구가 학습을 도와주는 것은 결코 아니다. 도리어 인간은 도 구에 의지하게 되어 본인의 능력을 저하시키고 만다. 전자계산기를 이용하면 확실히 계 산하기는 쉬우나 그 사람 본인의 계산 능력은 전혀 몸에 붙지 않는다. 일일이 생각을 하

---

2) 주산 교육을 생각하는 대학 교수회 著, 이화여자대학교 이영하 교수 감수 〈우리 아이! 집중력과 계산 력 100배 키우기〉 137쪽

지 않아도 답이 나오니까, 기계를 사용하면 할수록 사람은 생각하지 않게 되고 계산력은 계속 떨어지게 되는 것이다.

마치 워드 프로세서에 너무 의지하면 한자(漢字)를 쓸 필요가 없게 되고, 알고 있던 한자도 잘 떠오르지 않게 되는 것과 같은 이치이다.'

1960년대 초반 필자가 국제 주산 경기대회에서 3연승 하자 미국의 모(某) 방송사로부터 제의가 들어와, 계산 기계와 주산과의 연산(演算) 시합을 가진 일이 있었다. 그 당시 컴퓨터는 아직 오늘날의 첨단화된 수준의 컴퓨터가 아니고 단순히 계산만 기계가 해내는 계산 기계에 불과하여, ±×÷3종목의 숫자 자체를 결국 사람의 손으로 일일이 눌러 주어야 답이 나올 수 있었기 때문에, 문제를 보자마자 머릿속에서 답이 나와 버린 주산式 암산을 감히 따라올 수 없었던 것은 뻔한 결과였다.

그런데 그 얼마 후 미국 유학을 마치고 귀국한 나의 사촌 형님 되시는 분이 "얼마 안 있으면 단순 계산만이 아닌 모든 분야에서 컴퓨팅 시대가 도래될 것이니, 너무 주산에만 전념하지 말고 학교 수업도 골고루 열심히 해야 한다"고 충언해 주시는 것이었다.

나중에 생각해 보니 그때 형님 말씀이 백번 옳으셨는데도, 그 당시 高1에 불과했던 어린 나이의 나는 오기가 발동했다. 컴퓨터의 이로운 점과 편리함이 점점 더 커짐을 느끼고 있었음에도 우리나라에 전산 시스템이 본격적으로 도입되기 시작한 1990년대 이후까지도 배우려고 하기는커녕, 컴퓨터를 일부러 기피하는 어처구니없는 편견을 가지게 되었다.

주산 연습에만 쏟았던 시간과 노력을 생각하면 억울해서, 마음속으로는 당치 않는 말씀이라고 일축해 버렸던 것이다.

주산이 무용지물이 되지 않는 이상 전혀 억울해할 일이 아니었고, 주산과 컴퓨터의 발전은 별개(別個)가 아니고 어디까지나 공생(共生), 공존(共存)관계인데도….

2016년 바둑계에서는 AI(인공지능) '알파고'가 세계적인 프로 바둑기사인 한국의 이세돌 선수를 4:1로 제압했던 사실이 큰 뉴스가 되었고, 실제 모든 사람이 놀라움을 금치 못한 바 있었다.

필자는 내심(內心), 과거에 주산 암산 실력으로 계산 기계를 제압했던 기억이 떠올라서, 이 책 머리말에서 소개해 드렸던 '국제주산수학연합 한국위원회' 황호중 회장님께 즉각 전화를 드렸다.

"바둑은 졌지만, 주산 암산 실력은 지금도 컴퓨터와 대결해서 이길 자신이 있으니, 정부 요로(要路)에 교섭해서 대결할 기회를 만들어 준다면 전 세계적으로 주산을 알리고 보급시키는 좋은 기회가 되지 않을까요?"

이에 회장님의 미소 띤 응답인즉, 시대가 엄청 바뀌었다는 것을 자기보다 더 모르고 있다는 듯이, "이제는 안 되네! 컴퓨터가 지금은 문제 자체를 사진으로 찍어 버리고, 문제 '전체'가 사진으로 찍힘과 동시에 답이 나와 버리니…" 그렇게 한마디로 일축해 버리는 것이었다.

"아 그렇군요." 나는 할 말을 잃고 말았다.

컴퓨터가 갈수록 발전되어 가는데 굳이 주산을 하여야 하는가에 대하여, 어느 일본 주산계 원로 한 분이 이렇게 비유해서 한마디로 실감 나게 표현한 바가 있다. "해외여행이나 장거리를 이동할 때에는 비행기(전자계산기)를 타고 가야 하겠지만, 바로 이웃집이나 가까운 곳에 가는데 비행기를 타고 갈 수 있느냐. 가까운 이웃집에는 걸어서(주산) 가야지!"라고.

뭐든지 배움이나 학습을 시작하려면 무엇보다 사전(事前)에 그 목적이나 필요성을 확실히 인식하여야 더 자발적이고 효율적으로 숙달될 수 있을 것이다. 주산을 하면 집중력이 높아지고 두뇌 계발이 되어서 수학도 더 잘할 수 있다. 이런 여러 가지 주산의 이점(利點)이 많기 때문에, 아이들이나 학부모님들이 우선, 컴퓨터의 발달로 인한 주산의 불용성(不用性)이라는 잘못된 인식을 털어 버리고 '주산과 컴퓨터는 어디까지나 공생(共生), 공존(共存) 관계이며, 공생, 공존하여야(!) 한다'는 점을 새롭게 인식하기 위해서 몇 가지 일화(逸話)를 소개하였다.

개인적으로나 사회 국가적으로나 실리와 세력을 두고, 경쟁 대칭 충돌 사례가 날마다 부지기수로 많이 발생하고 있는 게 피할 수 없는 현실인데, 이렇듯 피할 수 없는 현실에서 서로 협력 협업(協業)해야 상호 이익이 된다는 것은 바로 공생 공존의 중요성을 일깨운 말이라고 할 것이다.

2

주산의 목표는 '주산式 암산'이다

주 산의 목표는 暗算(또는 心算)이라고 단정 지어도 틀린 말이 아닐 만큼, 암산은
실생활에서 매우 유익하고 편리하다.

암산이란 무엇이고 암산을 잘하려면 어떻게 해야 하는가에 대하여 이하(以下) 순차적
으로 설명한다.

암산은, '주판알'의 올리고 내림 상태를 머릿속에 형상化(이미지化)시켜 셈(계산)을 하는
방식이기 때문에 **주산式 암산**이라고 하는데, 暗算이란 용어 대신에 心算이라고 해야 정
확한 표현이라고 주장하시는 분도 계시고 그게 맞는 말씀이기도 하나, 과거로부터 암산
이라는 용어가 일반적으로 통용되어 왔기 때문에 이 책에서는 암산(暗算)과 심산(心算)
이란 용어 두 가지를 병용하여 사용하기로 한다.

전자계산기나 주판은 양자(兩者)가 다 같이 계산을 위한 도구이나, 전자계산기와 달리
주산은 능숙해지면 주판 없이도 계산할 수 있다는 것이 전자계산기와의 '큰 차이점'이다.

1)·전자계산기는 아무리 능숙해져도 전자계산기나 휴대폰 없이는 계산할 수 없으나, 주
산의 경우에는 능숙해지면 주판이 없어도 답을 만들어 내는 구조가 머릿속에서 자
동적으로 구축(암산)되어 있는 것이다.

즉 암산은 머릿속에 주판알을 그리고, 그 이미지를 머릿속에서 조작하는 방식으로 답을 낼 수 있지만, 전자계산기는 아무리 머릿속에 전자계산기를 떠올리고 머릿속에서 '키'를 눌러도 답이 나오게 할 수가 없다.

2) 그리고 계산기가 편리하다고 언제 어디서나 휴대하고 다닐 수 없듯이, 주판이라는 계산 도구도 편리하다고 항상 휴대하고 다니기는 힘들고 불가능할 것이다.

   하지만 주산은 머릿속으로 2~3단위 정도의 암산만 가능하면 굳이 주판을 휴대하지 않고 있어도 언제 어디서든 필요한 계산을 머릿속으로 해낼 수 있으니, 특히 입시(入試) 시험장 등에서 '커닝' 방지 등을 위해 전자 기기 반입이 금지될 경우에, 주산식 암산의 효용은 더 이상 설명이 필요가 없을 정도로 편리하고 유익하다.

3) 실제 '계산 자체'의 도구로만 생각하면, 오늘날에는 주산보다 계산기가 더 편리한 경우가 많아졌다. 하지만 주산은 주산식 암산을 배우고 익힐 수 있어 단순한 계산값을 구하는 것만이 전부라고 할 수 없다.

결론적으로 말해서 주산이나 주산식 암산은,

① 실(實)생활에 아주 유익(有益)하고 기억력·집중력·두뇌 계발도 끊임없이 이루어지게 하며,

② 웬만한 수학 문제 풀이도 '암산'의 힘으로 중간 답을 따로 메모할 필요가 없이 한 번에 빨리 계산되게 함으로써,

③ 수학 학습에 아주 유용(有用)하고 필수적인 수학의 놀이 학습 도구가 된다.

④ 따라서 주산의 목표는 '주산식 암산'이라고 말할 수 있다.

3

주산式 암산의 비법과 요령

암산을 잘하기 위한 어떤 비법이라도 있는 것인가?

대부분의 지도교사는, "암산을 잘하려면 단도직입적으로 말해서 어떻게 해야 하느냐"고, 당장 그것만 알면 다른 것은 알 필요가 없다는 듯이 질문한다. 답답해서 한 질문이라고 생각되나, 이에 대해서 한마디로 대답하는 것은 어려운 일이다.

☞ 필자의 경험에 따르면, 다음과 같은 순서로 연습하는 것이 최상의 방법이다.

① 옆에서 누가 숫자를 불러 주는 대로 계산하는 호산(呼算)이든, 본인이 혼자 문제를 보고 계산하는 독산(獨算)이든, 기본적으로 주판으로 정확히 답을 내도록 꾸준히 연습하다 보면,

② 손가락을 주판上에 굴리고 있는 것처럼 머릿속으로 주판알을 굴려도 차이가 없는 경지(境地)에 다다르게 된다.

③ 이 정도 단계에 다다르면 본격적으로 암산으로 계산하는 연습을 하면 되는데. 처음부터 높은 단위를 암산으로 하는 것은 불가능하므로, 처음에는 한 단위만 암산으로 해 보고, 익숙해지면 다음에는 2단위(십 단위), 그다음에는 3단위(백 단위), 4단위(천 단위)… 이런 식으로 단위를 늘려 간다.

다만, 인간의 머리는 한계가 있기 때문에 암산이 가능한 단위를 무한정 높여갈 수

는 없고, 보통 3단위 이상은 1단위 높이는 데에 상당한 시간과 노력이 필요하다.

필자가 선수 시절에는 7~8단위(백만~천만 단위)까지가 가능하여 주변의 감탄을 한 몸에 받았는데, 최근에 후배들 실력을 보니 10단위(십억 단위) 이상도 가능함을 보고, 인간의 두뇌 계발 한계가 어디까지인지 실로 감탄을 금할 수 없었다.

④ 위와 같이 어느 정도 암산 기초 실력이 되면 **암산을 아주 잘하기 위한 매우 중요한 비법이 있다.**

주산식 암산 비법

두 눈을 지긋이 감고 주판알을 최대한 깨알만큼 작은 크기로 연상하면서, 양쪽 눈동자 사이의 미간을 좁힘과 동시에 주판의 꿰 대와 꿰 대의 간격 사이 또한 최소한으로 좁게 좁혀서, 주판 전체를 작게 연상하고 암산하여 보면, 평소 실력보다 2~3단위는 더 많이 할 수 있다는 것을 금방 느낄 수 있다.

'전체를 작게 연상하여야 한다'는 것은, 왼쪽이나 오른쪽의 어느 한쪽의 셈(算) 상태가 뚜렷하지 않게 되어 신경 쓰이다 보면, 반대쪽에 놓여 있는 셈 상태도 확실치 않게 되어 전체가 흐트러지기 때문이다.

그리고 실제 호산 암산은 빨리 불러 줄수록 좋다(잘된다)는 말이 나온다.

진행자가 문제를 부르는 시간보다 암산 속도가 더 빠르기 때문에 천천히 불러서 시간 간격이 길면 중간 답을 놓치지 않아야 한다는 긴장감 때문에 오히려 다음 수의 암산을 놓칠 수 있다. 이는 그만큼 집중력의 효과가 크다는 것을 뜻하는데, 지나간 숫자는 빨리 잊어버리는 습관이 몸에 배어 있어야 한다. 지나간 숫자를 붙잡고 있다가는 오히려 지금 부르고 있는 숫자를 놓치기 쉽기 때문이다.

좀 거창하게 말하면, 망각은 신(神)이 인간에게 주신 최고의 선물이라고 하였다. 이는 과거에 잘못 살았거나 부끄러웠던 일은 빨리 잊어버리고 내일을 향해 앞만 보고 뛰어야 함을 표현한 적절한 말이다. 늘 새로움을 추구하고 뭔가를 익히면서 자기 계발, 혁신을 위해 노력한다면 나이는 핑계일 뿐이고 숫자에 불과하다. 날아가는 새는 뒤를 돌아보지 않는다. 과거는 지나갔고 미래는 오지 않았기에 오늘 현재 최선을 다해 살아가는 이유이다.

"나는 천천히 느리게 걸어가는 사람이지만 절대 뒤로는 가지 않는다. 중요한 것은 삶의 숫자가 아닌, 숫자 속의 삶이다."
'링컨' 대통령의 명언(名言)이다.

'괴테'의 인생 교훈 5가지 중의 첫 번째도 망각에 관한 조언(助言)이다.
"지나간 일을 쓸데없이 후회하지 말 것.
잊어버려야 할 것은 빨리 깨끗이 잊어버려라.
과거는 잊고 미래를 바라보라!"

제2장

필수 수학 학습 도구로서의 '주산'과 '수학'

▲ 필산식 암산

▲ 주산식 암산

주산식 암산이란?
주산을 숙달시킨 뒤, 머릿속에 주판의 이미지를 연상하면서 계산하는 방법이다.

1. 생활은 수(數)이고, 따라서 주산은 곧 생활이다!
2. 주산식(式) 암산의 평소 생활 습관화
3. 주산은 필수 수학 학습 도구이다

1

생활은 수(數)이고, 따라서 주산은 곧 생활이다!

앞으로 다양한 분야에서 4차 산업 혁명의 핵심인 인공지능(AI)과 첨단 '빅 데이터' 시대로 발전하면 할수록 온갖 숫자와 수학의 개념은 더욱 중요해질 것이다. 그런데도 수학은 학교만 졸업하면 "아무 곳에도 쓸모없는 과목"이라고 말하는 사람들이 있다. 이는 물론 수학 공부를 어려워하는 사람들이 농담처럼 한탄하는 얘기일 것이다. 그러나 수학이 실상 우리가 사는 세상 곳곳에 가득 들어차 있다는 것을 알고 나면 수학을 무시하는 사람은 아마 한 명도 없을 것이다.

우리는 중학교 수학 시간에 배웠던 공식으로, '피타고라스의 정리'를 기억하고 있다. 기원전 500여 년 전인 고대 그리스 수학자 피타고라스가 일찍이 **만물의 근원은 수(數)**라고 주장하였거니와, 평소에 우리는 일상생활 속에서 온통 숫자와 더불어 살아가고 있다고 해도 과언이 아니다.

우리가 평범하게 지내고 있는 단 하루 동안에도 수(數)와 수학에 관련된 일이 얼마나 많이 일어나고 있는지 모른다. 용돈·공과금 등의 수입 지출 계산은 거의 날마다 발생하고 있으며, 연도, 시간, 길이, 무게, 분수, 소수, 퍼센트(%) 등의 계산은 더욱 끊임없이 시시각각으로 이루어지고 있다.

이 외에도 휴대전화 번호, 자동차 번호, 은행 계좌 등 각종 비밀번호, 각종 신용 카드

번호, 회원 번호뿐만 아니라, 우리나라에서 본인을 입증하는 가장 강력한 증표라고 할 수 있는 주민 등록 번호를 필두로 주소 번지수(番地數), 나이, 군번(軍番), 학번, 사번(社番), 점수, 석차 등급과 같은 서열(序列)의 숫자에도 갇혀 살아가고 있다고 말할 수 있다.

인생과 사랑, 그리고 나이에 얽힌 대중가요 가사 속에는 수(數)와 연산(演算) 부호(+-×÷)를 넣어서 의미있고 재미있게 표현한 노래가 꽤 많다. (웃음)

가요 제목과 主 내용을 몇 가지만 나열해 보면,
- **산수풀이** (인생과 사랑은 산수풀이 같은 것이다)
- **숫자 인생** (사랑은 +×와 -÷같은 산수풀이다)
- **건배!** (복은 덧셈, 나이는 뺄셈, 돈은 곱셈, 사랑은 나눗셈, 건강은 지키셈)
- **나이는 숫자에 불과해!** (내 나이는 묻지 마라, 나이는 1, 2, 3… 숫자에 불과한데 요놈의 숫자가 늘 따라 다니네요)
- **내 나이가 어때서?** (사랑하기 딱 좋은 나이인데…)
- **나이야 가라!** (나이가 대수냐. 세월아! 가려거든 너만 가거라)
- **내 나이는 여자!** (남자들은 왜 처음 만나서 나이부터 물어볼까요. 내 나이는 여자랍니다)
- **더하기, 곱하기** (내 나이와 너의 나이를 더하거나 곱한 것보다 더 많이 사랑한다. 나에겐 너뿐이다) 등등…

이렇듯 여러 분야에서, 어찌 보면 생활은 수(數)라고 단정 지어도 과언이 아닐 만큼 우리는 도처에서 어떤 형태로든 여러 가지 수(數)의 개념 속에서 살아가고 있으므로, 필자는 감히 '생활은 수(數)'이고, 따라서 '주산은 곧 생활이다'라고 단언한다.

주산이 곧 생활이고 필수 수학 학습 도구인 만큼, 기초 수학 정도는 학생들이 주산式 암산으로 쉽게 풀 수 있게 하여 숫자와 +-×÷라는 사칙연산(四則演算)을 동시에 익힘은 물론, 수학에 관련된 여러 가지 개념들이 어떤 의미인지와, 장차 고학년에서 공부할 고등 수학과의 연결 고리도 학생들 스스로 파악하고 습득하도록 지도하여야 할 것이다.

2

주산式 암산의 평소 생활 습관화(化)

주산식 암산은 필요할 때에만 벼락치기로 연습, 복습한다고 될 일이 아니고, 다음 예 (例)와 같이 평소에 꾸준히 생활 속에서 습관적으로 몸에 배어져 있어야 한다. 마치 건강 관리를 위하여 평소에 꾸준히 운동과 식습관 등으로 비만, 체중, 혈압 관리 등을 하여야 하듯 이… 아무리 깨끗한 물도 오랫동안 고여 있으면 썩는다고 하였다. 주판을 오랫동안 사용할 기회나 시간이 없다고 암산의 활용(관리)마저 하지 않으면, 주산 실력은 점점 줄고, 암산 두뇌도 쇠퇴할 것임은 당연하다.

(1) 용돈, 공과금 등의 계산

혹자(或者)는 필자에게 지금도 옛날처럼 주산식 암산 실력이 유지되고 있느냐고 묻는다. "절정기 때만큼은 안 되지만 거의 유지되고 있다"고 대답하면, 몇십 년을 손 떼다시피 했을 텐데 어떻게 그게 가능하냐고 의아해한다. 약간 과장된 말이지만, 그 비결은 바로 **주산式 암산의 평소 생활 습관화**에 있다.

예(例)를 들어, 일과가 끝나고 집에 돌아가서나 일과 중에도, 금전 수지(收支)가 빈번하게 발생할 때는 일부러 수시로 전일(前日) 잔액에서 오늘의 입출금(入出金)을 가감(加減)하여 지갑 속의 잔액이 맞는지를 '암산'으로 확인하여 본다.

틀리는 경우가 자주 있는데, 그것은 암산이 틀려서가 아니고 비교적 사소한 수입 지출을 깜빡 잊어버렸거나 착각한 경우에 불과하다.

공과금 등은 끝까지 정확히 암산으로 맞춰 보고, 통장 잔액도 암산으로 검산해 보는 것이 평소 일상생활에서 습관화되어 있다. 오늘 번 만큼 수입을 한 달에 몇 번 올리면(**곱하기**) 月 수입이 얼마는 되겠다든지, 지금 가지고 있는 용돈을 며칠간은 써야겠다(**나누기**)고 생각되면 하루에 지출을 얼마 이내로 줄여야겠지… 하고 승산·제산 셈도 암산으로 해본다.

☞ 여기서 아이들에게 주산식 암산을 재미있게 가르치는 방법 한 가지를 떠올려 볼 수 있다.

"철수는 어제 아침에 엄마한테서 용돈 얼마 받았지?" ···▸ 5,000원

"그래 그럼, 그 5,000원 가지고 집에 갈 때 친구랑 호떡 2개를 1,800원 주고 사 먹었다면 호주머니에 얼마 남아 있겠는지 주산 암산으로 맞춰 봐!"

"응, 3,200원 맞았어! 와! 우리 철수는 빼기 암산을 4단위(천 단위)나 할 줄 아네~" (웃음)

실제는 50−18=32이니까 2단위 암산을 한 것이지만, 결과적으로는 3,200원이니까 4단위 암산을 한 것으로 칭찬해 준다.

아이들은 조그마한 칭찬에도 동기 유발되고, 칭찬받았다는 사실만으로도 신바람 나서 더 열심히 하게 된다.

아직 십진법도 이해하지 못한 상태에서 아이들에게 돈의 개념까지 가르치기는 쉽지 않

은 일이나, 최소한 거스름돈은 왜 받는지는 알려 주어야 한다. 즉, 내 것이 아닌 어떤 물건을 가지기 위해서는 반드시 돈을 내야 하는데, 가지고 있는 돈이 물건값에 딱 맞지 않아 돈을 더 많이 내었으면 더 많이 낸 만큼 거스름돈을 받아야 한다는 것 정도는 가르쳐 주어야 한다. 이것이 아이들한테는 가장 중요한 돈의 개념이다. 위의 예(例)에서 5,000원이 마침 5,000원짜리 지폐 1장이었다면 거스름돈도 3,200원이어야 할 것이다.

그리고 아이들에게 꼭 다짐해 둬야 할 말이 있다.

"용돈 계산은, 산수 시간에 배운 필산이나 '필산式 암산'으로 하지 말고, 주산이나 '주산式 암산'으로 하는 습관을 들이라"고…

(2) 연도(몇 년 前·後) 계산, 생년·월·일, 시간, 길이, 무게, 분수, 소수, % 등의 비10진(非10進) 수학 도구 항목의 계산

TV 뉴스나 신문기사 등에서 어떤 사건이나 유명인의 출생, 사망 연도 등의 기록을 자주 접하게 된다. 어떤 사건이 몇 년 전·후에 일어났는지, 부모 형제 선후배 간의 나이 차이가 어떻게 되는지, 시간, 길이, 무게, 분수, 소수, % 등 일상생활 속에서 나타나는 각종 숫자의 개념은 이루 다 헤아릴 수 없이 많다.

언제나 늘 주산식 암산으로 계산하는 것을 생활 습관화하고, 아이들에게는 개개인의 특성과 적성에 맞게 쉽게 답(答)을 맞힐 수 있는 칭찬 거리를 만들어 주면 매우 효과적일 것이다.

다만 시간 개념 등, 1년은 100일이 아니라 365일, 1일은 24시간, 1시간은 60분, 1분은 60초 등으로 10진 개념이 아닌 불규칙한 것들이 많은 게 문제인데, 필자는 10진법을 무시하고 주판 상의 여러(諸) 자릿점을 활용하여 주산 암산이 가능토록 활용하고 있다.

이 비10진(非10進) 수학 도구 항목의 계산 방법은 편의상, 제4장까지를 다 익힌 다음에 제5장 1강에서 자세히 설명하기로 한다.

3

주산은 필수 수학 학습 도구이다

연산(演算) 도구로서의 주산은 연산술(演算術)이라는 수(數)의 개념이기 때문에 두말할 것도 없이 수학과 밀접한 관계에 있다.

매년 신학기가 시작되면 수학 수업 시간에 학생들에게 첫 번째 질문은, 대개 '산수(算數)와 수학(數學)의 차이가 무엇이냐'이다.

산수는 수(數)에 대하여 단순 계산을 하는 것이고, 수학은 산수를 바탕으로 수에 대한 성질을 이용하여 여러 가지 문제를 푸는 것이라고 쉽게 말할 수 있을 것인데, 대부분의 학생들이 이에 대한 대답을 제대로 하지 못하는 모양이다.

수학은 기초부터 하나하나 차곡차곡 쌓아 올려 가면, 다른 어느 과목보다 정확하고 논리 정연하여 그 성취감은 이루 말로 다 표현할 수 없을 정도로 흐뭇하다.

필자가 선수 생활 때문에 중·고등학교 수업을 제대로 받지 못하였는데도 대학 입시에서 수학 과목의 상위급 고득점으로 무난히 합격할 수 있었던 것은, **그 흐뭇한 이론 전개에 주산식 암산 실력이 접목되어**, 거의 독학하다시피 하였으면서도 남보다 더 빠른 속도로 수학 실력이 향상되었던 때문이라 생각된다.

그런데 얼마 전부터 **'수포자'**라는 말이 유행어가 될 정도로 우리 학생들에게 「수학의 붕괴」[3]라는 슬픈 현실을 지적한 언론 보도들이 나오고 있다. 현재 초·중·고 전체 학생의 약 45% 정도가 수학을 포기한 상태로 학교 교육이 이루어지고 있다는 것이다. 그리고 해마다 실시되고 있는 중·고등학교 학생들의 학업 성취도를 보면, 기초학력 미달 범주(20점 미만)에 속하는 학생들이 해마다 증가 추세[4]이고, 특히 심각한 과목이 수학과 과학(기초학력 붕괴)이라는 것이다.

2018학년도 수학 과목의 기초학력 미달 비율을 보면, 중학교 3학년의 경우 11.1%, 高2의 경우 10.4%에 달한 것으로 발표됐다. 서울시 교육청에서는 부랴부랴 이에 대한 대책으로, 2020년부터 서울의 모든 초3과 중1 학생들의 기초학력 미달 여부를 가려내기 위한 기초학력 진단 시험을 의무적으로 치르게 한다는 등의 대책을 내놓고 있지만, 막상 학생들의 '학력 자체'를 증진시키기 위한 대책은 포함되어 있지 않아 효과가 얼마나 있을지 의문이라는 게 학부모들의 공통된 의견이다.

무엇보다 수학은 암기 과목이 아니다. 기본 공식은 물론 정확히 암기하여야 하겠지만, 공식만 줄줄 외운다고 다 풀리는 게 아니고, 일단 그 공식이 성립되는 과정을 이해하고 생각하는 능력을 키워 주어야 하는 과목이다.

즉 수학은 응용하는 학문인 것으로, 수학을 잘하려면 한 가지 원리를 가지고도 여러 가지를 생각할 줄 알아야 하고, 여러 가지 접근 방법으로 계산을 다룰 줄 알아야 한다. 그래야 진짜 수학 공부가 되고 수학에 자신감이 생기게 된다.

앞으로 각종 주산 경기대회에서도 한 가지 '종목'으로서 '수학 종목'이 필수가 된 만큼, 필자는 기존의 주산 교재에서 지금까지 거의 다루지 않고 있었던 수학 쪽에 오히려 더 많은 비중을 두고, 학생들이 특히 어려워한다는 분수, 소수, 백분율(%) 등의 상호 관계 및 수학의 기초 문제 풀이에 역점(力點)을 두면서, 우선은 수학에 재미를 붙이도록 노력

---

3) 동아일보 2017년 2월 27일자 A9, 10면, 노지원 기자

4) 조선일보 2019년 9월 6일자 A16면, 박세미, 유소연 기자

하였다. (제5장 참조)

　계산을 위한 주판의 기능은 저하되었지만, 필수 수학 학습 도구로서의 주산의 새로운 기능이 주목받고 있다. 단순한 계산 도구로만 잘못 인식되면서 전자계산기와 컴퓨터에 밀려 세간의 관심 밖으로 사라지다시피 했던 주판이 최근 들어 다시 관심을 끌고 있다.

　추억의 소품으로만 남아 있던 주판이 새로운 '수학 학습 도구'로 재인식되고, 아이들의 기초 수학 학습의 향상과 집중력, 그리고 두뇌 계발의 향상에 큰 효과가 있다는 주장이 제기되면서 학부모들의 주목을 다시 받게 되었다. 이는 결코 과거의 주산이 부활한 것이 아니고, 시대적 요청에 따라 수리 영역의 교육에 주산이 꼭 필요해서 다시 태어난 것이다.

　주산이 두뇌 계발에 효과적인 학습이 되는 한 가지 이유는, 손가락으로 주판을 운전하면서 손가락 끝에 지속적으로 자극을 줌으로써 뇌 활성화에 상당한 영향을 미치게 되기 때문이라고 한다. 손가락은 인간의 '제2의 뇌' 또는, 뇌가 몸 밖으로 튀어나왔다고 하여 '나온 뇌'라고 불리기도 한다.

　이처럼 주산은 손으로 만지고 머리로 생각하면서 자연스럽게 연산의 원리를 깨우치게 하는, 자기 주도 학습의 기초 교육으로서 수학의 원리를 생활에서 찾아 관찰력과 집중력을 돕는다. 따라서 TV나 컴퓨터 때문에 둔해진 아이들의 두뇌를 주산 암산으로 되살리고 우울증까지 치료하는 효과가 있다.

　주산式 암산 학습은 유치원과 초등학교 저학년 때부터 시작해야 최고의 효과를 발휘할 수 있다. 어릴 때부터 수(數)에 쉽고 재미있게 접근하게 하여야, 수학에서 가장 기초가 되는 수의 개념과 수의 단위 원리 및 사칙연산(±×÷)에 자신감을 갖게 되며, 공부를 재미있게 하고 기초 수학 능력을 튼튼하게 다져 줄 수 있기 때문이다.

현재 초등학생뿐만 아니라 중·고교생들까지도 기초 계산 능력 저하로 위기를 맞고 있다는데, 초등학교에서의 계산 능력 저하는 고등학교까지로 이어지게 되며, 이로 인하여 수학에 대한 자신감과 흥미를 잃어버리거나 포기해 버리는 경우가 많다는 것이다. 계산할 때 머릿속에 주판의 이미지를 그려 주산式 암산으로 하면 아주 재미있고 빠르게 할 수 있음에도 불구하고, 특히 고학년의 경우에는, 유치원에서부터 산수 시간에 이미 필셈 또는 필산식 암산(암기식 계산)에 익숙해져 있어서, 자신도 모르는 사이에 유치원 때부터 이미 익숙해져 있는 '필셈 또는 필산式 암산'으로 하려고 하는 경향이 많아, 기초 계산 능력이 향상되지 못하고 있다.

이화여자대학교 '이영하' 수학과 교수는 아이들의 주산 암산 학습에 도움이 되고자 〈우리 아이 집중력과 계산력 100배 키우기〉라는 교재[5]를 발간하여, 아이들에게 필수 수학 학습 도구로서의 주산의 필요성을 다음과 같이 역설한다.

① 계산을 위한 주판의 기능은 많이 저하되었지만, **수학 학습 도구로서의 새로운 기능**을 주목하여야 한다.
② 주판을 이용한 수학 학습은 **자연수의 암산 능력은 물론, 분수 및 문자 式의 암산 능력**도 길러 준다.
③ 주판은 손가락 사용에 의한 자극으로 **두뇌 계발이 촉진**되고 **집중력을 향상**시켜 줌으로써 과제 집착력도 증대된다.

이상과 같이 각계각층의 저명인사(著名人士)들이 필수적인 수학 학습 도구로서의 주산의 필요성을 강조하고 있는바, 필자도 이에 적극 동감(同感)하면서, 이 책에서는 학생들의 수학에 대한 기본적인 이해와 흥미를 유발하고 동기를 부여받도록, 제5장에서 수학 학습에 절대적으로 필요한 기본 공식의 쉬운 암기법과 풀이 요령 및 해설(解說)도 붙여 놓아, 최소한의 기초 수학을 재미있게 익힐 수 있도록 설명하였다.

---

5) 〈우리 아이 집중력과 계산력 100배 키우기〉 주산 교육을 생각하는 대학 교수회 著, 이영하 교수 감수

최소한의 기초 수학이라고 해서 가볍게 생각할 일이 아니다. 제5장에서 다루는 수학 문제들을 보면 유치원생부터 초등학생들을 대상으로 하였지만, 중·고등학생들이 보기에도 상당히 수준 높은 게 많다.

기본 공식들의 암기도 쉽게 할 수 있도록 체계적으로 정리하여 놓았으므로, 이 책의 내용만 완전히 이해하고 습득하면, 최소한의 '초등 수학 기초학력 미달' 고민을 탈피하고 장차 중·고교에 진학해서 고등수학으로 '업그레이드'시키는 데에 '빅 찬스'가 될 것으로 확신한다.

제3장

학부모와 지도교사 등의 유념 사항

1. 단계적인 지도 – 질문 소통 방식(유대인 교육법)
2. 취미(재미 ⋯➔ 즐거움) 붙이기를 1차 목표로!
    – 공짜로 기차 타고 서울 구경까지!
3. 주판의 구조와 기초 용어(用語)

1

단계적인 지도
- 질문 소통 방식(유대인 교육법)

학 부모나 지도교사가 아이들을 가르치면서 한두 번 설명해 놓고 자칫, '이 정도면 나만큼 또는 나처럼 알겠지' 하는 추측으로 앞서 나가려는 욕심을 가지는 경우가 많다. 이런 경우에 비단 주산만이 아니라 다른 분야에서도 아이들이 못 따라오면 본인도 모르게 가르치는 재미를 잃고 짜증이 나서 앞으로 나아가기는커녕, 배우는 아이들도 억지로 따라 하다 보니 싫증을 느끼고 포기하게 되는 경우가 많이 있다.

전 세계인의 삶에 엄청난 변화를 불러온 IT 산업 선두 주자들의 창조적인 두뇌의 비밀을 풀기 위해서는, 유대인들의 교육 시스템과 독특한 정신세계를 알아야 한다.

오늘날 유대인은 세계 130여 개 국가에 1,500여만 명이 거주하고 있는데, 1901~1911년까지의 불과 10여 년 사이에 노벨상 수상자가 180명이나 배출되었다고 한다. (유대인 인구는 전 세계 인구의 약 0.2%에 불과하나, 노벨상 수상자는 전 세계 수상자의 20% 이상에 해당)

이는 유대교가 배움의 종교라는 특징을 지녔다고 할 정도로 '배움'을 '기도'와 똑같은 신앙생활로 간주하고 평생 공부에 정진한 결과였다고 할 수 있다.

☞ 여기에 유대인 부모들의 '소문난 교육법' 몇 가지를 정리해서 요약 소개한다.[6]

① '질문'은 강의 내용을 기억하고 모르는 부분을 이해하는 데에 매우 효과적이므로, 강의나 설명 후에는 반드시 질문하도록 유도한다. 유대인 격언에 "좋은 질문은 좋은 답보다 낫다"는 말이 있을 정도로 유대인들의 학습 태도는 적극적으로 질문하는 자세에 있다.

② 아이가 엉뚱한 질문을 할 때도 절대로 짜증 내지 않고 오히려 질문 내용을 다시 질문으로 답하는, '역(逆)질문' 형식으로 칭찬(호기심 자극)해 주면서 진지하게 대답해 준다. 일부 한국 부모님들은 "왜 그런 걸 묻니?"라든가, "그렇게 쉬운 것도 모르겠어?" 등으로 아이들의 호기심을 처음부터 묵살하고 상상력을 차단해 버린다.

③ 아이들 스스로가 답을 찾도록 유도한다.
우리나라는 '주로 듣고 외우는' 교육이나, 유대인들은 '묻고 대화를 통해 이해하는' 교육이다. 논쟁과 토론 속에서 아이들 스스로가 그 해답과 합리적인 결론을 스스로 찾아내도록 유도해 가는 교육 방식인 것이다. 아이에게 무언가 가르칠 때에는 급하게 서두르면 안 된다. 아이가 할 수 있는 선에서 여러 번 해 볼 수 있게 하고, 스스로 할 때까지 기다려 주어야 하되, 아이 혼자서 절대로 그 답을 알아낼 수 없다는 판단이 들 때에만 답을 말해 준다. 이처럼 아이들 스스로가 하나씩 과정을 밟아 나가야 그 과정이 자기 것이 되고, 뭔가를 해낼 수 있다는 자기 확신이 생기는 것이다.

④ 유대인들은 절대 남이 한다고 따라 하지 않고, 더구나 사교육이 따로 없다. (한국은 私교육이 극성임)
상대성이론을 발견한 세계적인 물리학자 '아인슈타인'은 8살 때까지 학습부진아였다는 사실은 익히 알려진 사실이다.

---

6) 〈유대인 창의성의 비밀〉, 홍익희 著

유대인 부모들은 아이가 남보다 '뛰어나게'가 아니고, 남과 '다르게' 개성이 있기를 바랄 뿐이다. 무엇이 되어야 한다거나, 무엇을 해야 한다고 강요하지 않고 아이가 공부를 잘하는지 못하는지 별로 신경을 안 쓴다. "그래, 우리 아이는 공부는 못해도 셈은 곧잘 하니 장사는 잘할 거야"라는 등, 이렇게 공부를 못한다거나 특별 재능이 없다고 절대 기죽이지 않고 아이들의 적성을 찾아 도와줌으로써 창의력과 지혜를 가르치는 교육을 한다.

여기에서 세계 상권을 주름잡는 기업가가 유대인 중에서 많이 배출되었던 연유를 짐작할 수 있다.

⑤ 마지막으로 자발적이고 창의적인 '사고(思考)의 교육'의 중요성이다.

아이에게 고기 한 상자를 주면 며칠은 먹고살 수 있지만, 고기 잡는 방법을 가르쳐 주면 평생을 먹고 살 수 있다는 말은, 아이들에게 자발적이고 창의적인 사고(思考)의 중요성을 딱 맞게 표현한 것이라고 할 것이다.

위와 같이 부모로부터 마음속 깊이 신뢰를 받고 자란 아이는 결코 기죽는 일이 없으며, 부모와 함께 생각하고 깊이를 더해 가면서 상상력과 창의력, 그리고 지혜를 스스로 기르게 된다.

★ 유대인 아이들은 모두 똑똑하게 태어난 것이 아니라, 독특한 교육 시스템을 통해서 똑똑하게 '키워지는 것'이다.

여기서 **수학적 사고력의 한 예(例)**로, 재미있는 수학 공식(등차수열의 합)[7] 하나를 소개한다.

'수학의 황제'라는 별명을 가졌던 독일의 수학자 '가우스(1777~1855)'가 1부터 100까지의 합계는 100×50.5=5,050이란 걸 간단하게 금방 구했다.

1부터 10까지의 합계가 55라는 것은, 여러 학생들이 늘 주산 시간이나 수학 시간에 재미 삼아 일일이 더해 봐서 익히 알고 있다. 그러나 100까지 더해 보라고 하면 시간이 엄청 많이 걸려야 하기 때문에 힘든 계산인데, 가우스는 다음과 같이 이 문제에 일정한 규칙이 숨어 있다는 것을 쉽게 발견(**수학적 사고**)하였다.

즉, 1부터 100까지를 차례로 전부 일일이 다 더하는 것이 아니라, 첫 번째 1과 맨 마지막 수인 100을 더하면 101, 다시 두 번째 2와 99를 더하면 101, 3과 98을 더해도 101…. 이렇게 왼쪽과 오른쪽 숫자를 좁혀 가면 가운데 50과 51을 더해도 101이라는 규칙을 알아차리고, 101이 총 50.5번이니까 100×50.5=5,050이라고 간단하게 정답을 구했던 것이다.

여기서 여러 경우의 수를 망라한 기본 공식 하나를 도출할 수 있다.

자연수 1~n까지의 합은, n×(n+1)÷2이다.
여기서 n은 마지막 숫자를 말하고, 2로 나누는 뜻은 (n+1)이 중간에 총 몇 번 (回) 들어 있나를 알기 위함이다.

이처럼 수학에서는 어떤 현상을 하나하나 알아 가는 과정에서 나머지 것들을 알아내는 '생각의 끈'을 키울 수 있고, 이를 통하여 실생활에서도 전체를 하나의 짜임새 있는 틀로 만들어 내는 방법을 배울 수 있다.

---

7) 조선일보 2020년 9월 24일자 A35면 이광연 한서대 수학과 교수

취미(재미 ⋯▸ 즐거움) 붙이기를 1차 목표로!!
– 공짜로 기차 타고 서울 구경까지!

공 부든 뭐든 '1등 먹기'라는 무거운 목표를 가지고 출발하면, 중간에 지쳐서 싫증 나고 재미없어 포기해 버리는 경우가 많음을 주변에서 흔히 본다.

물론 집념이 강한 사람들은 확고한 목표를 가지고 성공의 그 날까지 끈기와 인내로 끝까지 노력해서 여러 번 실패를 경험한 후에 성공을 거두는 사례도 비일비재하나, 대개의 경우는 그렇지 못하다.

결론부터 말하면, 모든 일은 취미나 재미를 붙여 즐거움을 느끼며 하는 것이 빠르고 쉬운 길(!)이란 것을 말하고 싶은 것이다.

여기서 짚고 넘어가야 할 것이 하나 있다.

앞에서는 먼저 주산의 필요성과 목적을 명확히 하여야 한다(19쪽 밑줄)고 하였으면서, 여기서는 왜 목적이 아니고 취미 붙이기를 1차 목표로 하여야 한다고 주장하는 것이냐며 모순이라고 지적할 수도 있다. 하지만 전자는 일종의 큰 틀로서 주산의 필요성이 전제되어야 한다는 것을 의미하고, 여기서 말하는 목표나 취미는 그 '틀' 안에서 주산을 잘하기 위한 방법론을 말하는 것이다.

필자가 어렸을 적 동네 인근에 소재한 '낙성초등학교'에 다니고 있었을 때(3학년) '벌교중학교'에 다니는 형님들이 두 분 다 주산 선수였다. 처음에는 형님들 주판 놓는 모습을 그냥 흉내 내듯이 순수한 재미로 따라서 익힌 것이 마치 장난감(놀이) 다루는 것처럼 즐거워졌고, 즐겁다 보니 누가 시켜서가 아니고 스스로 열중하게 되었다. (지금도 인터넷 검색어로 '주산 박만석'을 입력하면 당시 '주산왕 3형제'라고 호칭해서 쓴 기사를 볼 수 있다)

珠算王三兄第(주산왕 3형제)

朴(박)노흥 씨의 슬하 삼 형제는 모두 주산에 천재적인 자질을 갖추고 있다. 이 형제는 모두 전남 벌교중학교와 벌교상업고등학교를 나온 주산왕들이며 대표 주산 선수로서 국가와 모교를 빛내왔다. 특히 朴(박)노흥 셋째아들인 朴(박)만석 군은 국제주산대회 우승할 정도로 출중한 실력을 갖추고 있다.

필자의 고향은, 특산물로 널리 알려져 있는 '보성 녹차'와 '벌교 꼬막'의 생산지(生産地)이자, '조정래 작가'가 저술한 역사 대하(大河)소설 〈태백산맥〉의 주(主) 무대이기도 한 전남 보성군 '벌교읍'에서 약 10리길(4km) 떨어진 '고읍리'이다.

이 소설이 얼마나 재미있고 감명 깊었는지 총 10권(한 질)을 직장 생활 틈틈이 읽으면서 며칠 만에 독파했을 정도였다. 나의 경우에는 6·25 사변 당시 3~4살 어린아이였으므로 그때 무슨 일이 일어나고 있었는지를 전혀 몰랐었는데 이 책을 통해 역사적 사건들을 연결 지어 알 수 있었다. (북한 인민군들이 완전히 무자비하지는 않았던 듯, 나 같은 어린이들까지 함부로 총살하지는 않아서 천만다행이었다. 웃음)

필자는 이 대하소설을 읽고 나서부터 '아! 소설이고 뭐고 책은 역시, 다음 장면이 궁금해서 견딜 수 없을 정도로 재미있어야 하는구나'를 실감하게 되었다. 재미있다 보면 빠짐없이 다 읽게 되고 그러다 보면 감동도 저절로 따라오게 될 것이기 때문이다.

1950년대에 허허벌판이나 다름없었던 시골에서 사는 어린아이들은 기차 한번 타 보는 걸 소원이라고 여길 정도로 천진난만하였다. 시커먼 물체가 칙칙폭폭 기적 소리 울리며 한 마리의 뱀처럼 구불구불 길게 달리는 장면이 아주 신기하기만 할 따름이었다.

그런데 학교 대표 주산 선수로 뽑히기만 하면 서울에서 시합이 있을 때, 학교에서 선수들을 공짜로 기차에 태워 출전시켜 주니, 서울 구경도 공짜로 하고 올 수 있다는 형님들 말씀이었다. 공짜로 서울까지 기차타고 가서 서울 구경도 공짜로 할 수 있다니 그런 행운이 어디 있겠는가! 시골 벽촌 마을에서 장난꾸러기 개구쟁이였던 어린 나는 순진한 욕심이 생기지 않을 수 없었다.

그렇게 천진난만 순수하게 즐겁기만 한 마음으로 주판알을 튕기다 보니 점점 자신감과 집중력이 생기고 기억력도 좋아지더니 두뇌 계발로 이어진 듯, 주산식 암산 실력이 자연스럽게 타(他)의 추종을 불허할 만큼 진전되었다. 그러니 다른 선수들이 주판上에 일일이 손가락을 움직여 계산하는 동안, 나는 거의 머릿속 주산식 암산의 힘으로 속도를 크게 단축시킬 수 있었다.

필자에게 시운(時運)이 좋아 명예가 따랐던 듯, 선배들이나 형님들이 한창 선수 생활을 할 시에는 '국내' 대회만 열리고 있었고, 그 당시 최고 혜택은 기껏 금융 기관들의 취직 스카우트 정도이었는데, 나의 실력이 정점에 오를 즈음(중3)에는 마침, 동양 3개국의 상공회의소가 공통으로 국제 주산 경기대회를 열자고 뜻을 모아 제1회 대회를 1961년 12월 1일 일본 동경에서 개최하되, 해마다 日 ⋯ 中 ⋯ 韓의 순(順)으로 번갈아 개최키로 하였다. (그래서 제4회 대회는 1964년 도쿄올림픽 일정에 맞춰 일본에서 개최하였고, 제5회 대회 이후로는 2년에 한 번씩 개최했다.)

당시까지 국내 대회는 개인전이건 단체전이건 종합 우승 개념은 약간 희박하고 '종목별' 개인 랭킹에 초점이 맞춰졌으나, 마침 이 국제 대회는 제한시간 內에 전 종목(문제 수도 대폭 늘어남)점수를 합산하여 고득점 순(順)이면서 합산 속도가 빠른 순서로 개인 우승과 단체 우승을 가르는 방식이었는데, 이 방식 또한 전 종목 고루 우수했던 나의 성적이 1등으로 나와, 일본과 중국 측 선수단을 깜짝 놀라게 한 이변이 발생했다.

뒤늦게 알게 된 '에피소드'이지만, 당시만 해도 중국은 주산 종주국(宗主國)이었고, 일본은 국가 전체적인 주산 보급률이 압도적으로 높아 있었기 때문에 자칭(自稱) 자기들이 주산 원조(元祖) 국가라고 하여, 우승은 무조건 자기네들 것이라고 여기고, 일본 측 코치가 우리 한국 측 코치(故 김영기 선생님)에게 "한국도 이 정도 수준은 따라올 수 있겠지요?" 하면서 짐짓 안쓰러운 표정을 지었고 이에 우리 코치 선생님께서, "그래서 우리는 이번에 경험을 얻고 배워 간다는 목적으로 참가한 것입니다"라고 대답해 주었다는 것이다.

그러나 뚜껑을 열고 보니 결과는 개인·단체 성적 모두 한국의 우승[8]으로 끝났고, 곧이어 일본 도하 신문마다 「한국의 꼬마 선수에게 일본 주산계 원로(元老)들의 체면이 형편

없이 구겨졌다」는 내용의 지탄성 보도가 연일 터져 나오게 되었다.

그 후로도 필자가 해마다 내리 3연승의 기록을 올리니, 그때부터는 나에게 어떤 독특한 방식이 있는지가 궁금하다고, 노골적으로 배우고 싶다는 저자세로 나오게 하는 기염을 토한 바 있다. 그 당시 우리나라는 4·19 혁명, 5·16 쿠데타 등으로 국가가 어수선한 시대이었는데, 나의 이

1962년 9월 대만상공회의소 주최 제2회 국제 주산 경기대회에서 필자의 2연승 우승컵 수상 장면

천진난만했던 '취미' 하나가 개인적으로는 '국제 주산왕'이라는 명예를 안으면서 국위를 선양하는 쾌거를 올린 셈이 되었다.

---

8) 경향신문 1961년 12월 2일자 기사

필자가 이렇듯 자화자찬의 글을 쓰는 목적은 앞에서 언급한 바와 같이, 처음부터 1등의 목표를 가지고 노력하였던 것이 아니고 순수한 재미로 시작했던 결과이었음을 실감나게 표현하여 보고자 한 것일 뿐이다.

최근에 〈운명을 바꾸는 숫자〉라는 저서에서 저자인 '정재원 회장'[9]은, "…행복의 비결은, 자신이 좋아하는 일을 하면서 살고 있느냐의 여부가 아니라, 자기가 '하여야 하는 일을 좋아하도록 노력'하는 데에 있다"고 강조하고 있다.

필자도 누구와 대화를 나눌 때는 **"어떤 취미든 즐거워야 특기가 된다"**는 말을 즐겨 사용하고 있다.

---

9) 동아일보 2020년 10월 15일자 A10면

3

주판의 구조와 기초 용어(用語)

다만 순수 취미가 목표라고 해서, 정식으로 배우지 않고 제멋대로 즐기기만 해서는 안 될 것임은 물론이다. 예술이나 스포츠 분야는 물론, 수학·과학이나 외국어 등의 학문도 기초부터 한 걸음씩 정식으로 배워서 쌓아 나아가야 하는 것이 정도(正道)이다. 그렇다고 주산에서도 주산의 기초적인 용어부터 정식으로 익혀야 한다는 말은 아니다.

주산에서 기초적인 용어로는 운지법, 운주법, 선지법(선진법), 후지법(후진법), 받아 올림의 유무(有無), 10 또는 5의 보수(補數) 등 초보자가 이해하기 꽤 어려운 용어들이 상당히 많이 있는데, **이러한 용어들은 굳이 처음부터 가르칠 필요 없이 그 내용만 아이들이 이해하기 쉽게 설명해 주면 된다.**

예(例)를 들어, 운지법(運指法)은 손가락을 어떻게 움직이고 놀려야 하는가에 대한 방법이므로, 다음 그림[10]과 같이, 가름대 밑의 1알짜리는 엄지손가락으로 올리거나 내리고, 가름대 위의 5알짜리는 검지로 내리고 올린다는 식으로 설명해 주면, 굳이 운지법이라는 용어를 알아야 할 필요 없이 익숙해지는 것으로 자연스럽게 해결될 일이다.

---

10) 〈주산 실무 지도서〉, 김선태 著, 4쪽

° 주판의 구조와 명칭

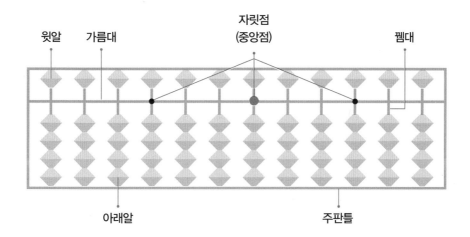

- **아래알**: 가름대 아래에 있는 주판알을 말하며 한 알은 1을 나타낸다.
- **윗알**: 가름대 위에 있는 주판알을 말하며 한 알은 5를 나타낸다.
- **가름대**: 아래알과 윗알이 섞이지 않도록 가로막아 놓은 부분을 말한다.
- **자릿점**: 가름대 위(上)에 찍힌 점들을 말하며, 수의 단위를 정하는 데에 사용한다.
  중앙점은 자릿점 중에서 한가운데 있는 자릿점을 말한다.
- **꿰대**: 주판알을 꿰어 놓은 막대를 말한다.
- **주판틀**: 주판을 감싸고 있는 테두리 전체를 말한다.

° 손가락 사용 방법(운지법)

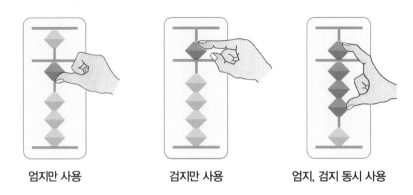

| 엄지만 사용 | 검지만 사용 | 엄지, 검지 동시 사용 |

아래알을 올릴 때와 내릴 때는 엄지를 사용하고, 윗알을 올릴 때와 내릴 때는 검지를 사용한다.

또한 6, 7, 8, 9를 놓고 뺄 때는 엄지와 검지를 동시에 사용한다고 가르쳐 주면 아이들은 더 재밌고 신기해할 것이다.

그리고 셈(算)을 할 때 위와 같이 기본적인 손가락 놀림의 운지법을 정식으로 잘 구사하고, 자릿점(수의 단위)을 정확히 잡아서 주판을 운전해 나가는 방법을 **운주법(運珠法)**이라고 한다. 그러니까 운지법과 운주법이란 용어의 차이를 학생들에게 설명해 줄 때에는 다음과 같이 구별하기 쉽게,

* 운지법(運指法)은, (손가락으로) '가리킬 지(指)' 자가 들어 있으니, 엄지와 검지를 어떻게 잘 놀리는 것이 좋겠는가의 방법을 말하는 것이고,
* 운주법(運珠法)은, 계산할 때 위 운지법대로 주판 고동 알(珠)을 놀리면서, 어느 자릿점에서부터 잘 굴려(운전해) 나가는 것이 좋겠는가와, 여러가지 계산 방법을 말한다고 하면 쉽게 이해할 수 있지 않을까 싶다.

제4장

'주산 종목'별 비법과 요령 핵심

1962년 9월. 대만상공회의소 주최 제2회 국제 주산 경기대회 장면

출처: 국제 주산 경기대회- 대한 뉴스 399호 동영상 中

1. 기본 4종목(+−×÷) ⋯→ 압축 3종목(±×÷)으로 가볍게 생각!

   ⋯→ 더 압축하면, 사실상 ± 한 종목에 불과!

2. 독산 가감산

3. 승산 (곱하기 셈)

4. 제산 (나누기 셈) ⋯→ 상제법으로 술술…

5. 기타 응용셈 종목들은 가볍게 생각!

1

기본 4종목(+-×÷) ···▶ 압축 3종목(±×÷)으로 가볍게 생각!
···▶ 더 압축하면, 사실상 ± 한 종목에 불과!

주산 종목으로는 앞의 차례에서 보았듯이 꽤 많은 종목이 있어, 초보자들은 얼핏 이렇게 많은 종목들을 다 잘해야 하는가(?) 하고 주산을 매우 어렵게 생각할지 모른다. 그러나 잘 살펴보면 너무나 간단하고 쉽게 잘할 수 있다는 자신감을 금세 가질 수 있다. 한마디로 **가감산(加減算)만 익숙하면 주산 공부는 다 된 것이나 마찬가지**라고 말할 수 있다.

왜냐하면 승산(곱셈)은 더하기의 연속이고, 제산(나눗셈)은 뺄셈의 연속이며, 주산에서 더하기나 빼기도 그 실은 다음과 같이 한가지 이치이기 때문이다.

① **더하기를 하다 보면,** 그 자리에서 바로 다 더할 수가 없어서, 왼쪽 10자리에 1을 올려 준 대신에 많이 더한 만큼의 수(數)를 빼주면 될 것이고,

② **반대로 빼기를 하다 보면,** 그 자리에서 바로 다 뺄 수가 없기 때문에 왼쪽 10자리에서 1을 뺀 대신에 차이만큼의 수(전문 용어로, 10 또는 5의 '보수(補數)'라고 함)를 더해 주면 되어,

③ **덧·뺄셈이 사실상 동시에 이뤄짐으로써,** 더하기와 빼기는 결국 동전의 앞뒤 양면성을 가지고 있는 한 종목에 불과한 것이다.

위 ①의 경우로 5+7=12를 예(例)로 들면,

일의 자리에서 5에다 7을 맞바로 못 더하니까 먼저 3을 빼면서 왼쪽 10자리에 1을 더해 주면 답은 12가 되고,

위 ②의 경우로 12-7=5를 예로 들면, 12가 놓여 있더라도 일의 자리에는 2만 있으니까 맞바로 7을 못 빼고, 먼저 10을 뺀 다음에 많이 뺀 3만큼을 일의 자리에 더해 주면 답은 5가 된다.

위 ③의 결론과 같이, 두 경우 다 덧·뺄셈이 동시에 이뤄지는 것이다.

따라서 연습도 사실은, 가산(加算)과 가감산(加減算)을 따로 할 필요가 없이 가감산만 연습하면 되나, 공식적인 종목 구별에 익숙해지기 위해서는 별개인 것으로 연습해야 할 것인바, 이 제4장(章)에서는 특히 독산 가감산과 승산, 제산의 3가지 기본 종목을 중점적으로 설명한다.

2

독산 가감산

앞에서 가감산만 익숙하면 승·제산뿐만 아니라 다른 여러 가지 종목들도 다 응용셈에 불과하므로, 주산 공부는 다 끝난 셈이라고 하였다.

더하기만 있는 경우를 가산(加算)이라고 하고, 가산 문제 중에 빼기 부호가 몇 개 들어 있는 경우를 가감산(加減算)이라고 한다.

(1) 덧셈과 뺄셈의 운지법 기초 연습

보기 1.   1+2=3

① 일의 자리에서 엄지로 아래 한 알을 올린다.
② 엄지로 아래 두 알을 한꺼번에 올리면 답은 3
   이 된다.

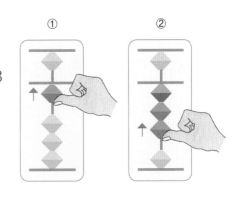

보기 2.　3-2=1

① 일의 자리에서 아래 세 알을 엄지로 한꺼번에
　올린다.
② 일의 자리에서 아래 두 알을 엄지로 한꺼번에 내
　린다.

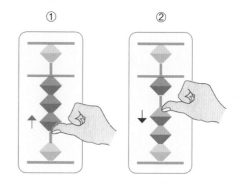

보기 3.　2-1+6=7

① 일의 자리에서 아래 두 알
　을 엄지로 올린다.
② 엄지로 아래 한 알을 내린다.
③ 엄지로 아래 한 알 올림과 동
　시에 검지로 윗알을 내린다.
　그러면 답은 7이 된다.

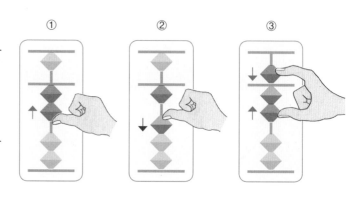

보기 4.　3+5-6=2

① 일의 자리에서 엄지로 아
　래 세 알을 올린다.
② 검지로 윗알 5를 내린다.
③ 엄지와 검지로 동시에 6을
　뺀다.

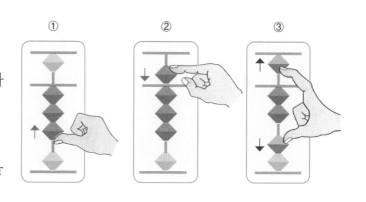

보기 5.   4+1=5

① 일의 자리에서 엄지로 4를 놓는다.

② 아래알로 1을 더할 수 없으므로 검지로 윗알 5를 더하면서 더 많이 더한 만큼의 수 4를 엄지로 동시에 뺀다. 이때는 4를 굳이 엄지로 뺄 필요 없이 검지로 윗알 5와 아래알 4를 동시에 내려도 되고, 그게 쉽고 빠르다.

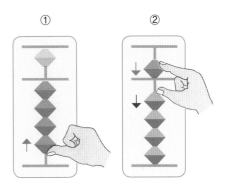

연습 문제 (4행)

번호	1	2	3	4	5
문제	5	3	9	2	8
	−1	−2	−5	5	1
	2	1	−3	−4	−7
	3	5	7	3	6
답	9	7	8	6	8

※ 연습 문제는 보통 정답을 독자들이 직접 내서 맞춰 보도록 뒤편에 정답지를 부록으로 게재하여 주는 것이 관례이나, 정답지를 일일이 대조해서 체크해 보는 것은 시간이 상당히 소요되고 짜증 나는 일이며, 특히 뒤의 승·제산 문제에서는 바로 역산(逆算)해서 문제 수를 늘려 보는 효과를 위하여, 이 책에서는 연습 문제마다 '답' 칸에 바로 정답을 게재하여 두었다.

독산 가감산 문제는, 역산 방법을 여러 가지로 바꿔 가면서 문제 수를 많이 늘려 볼 수 있다. 예를 들면 문제를 밑에서부터 치올라 가면서 답을 검산하는 방법이 있고, 두 번째 행(行)부터 시작해서 마지막에 첫 번째 행 숫자를 더하기 한다는 등… 여러 방법이 있다.

(2) 받아 올림과 내림이 '없는' 제자리 가감산 문제

가감산 문제로 초보자에게 가장 간단하고 기초적인 문제는, 앞의 보기 문제에서와같이 어느 한 자릿점(이왕이면 **중앙점**)에서 수(數)를 몇 개 더해도 답(答)이 그 왼쪽 10자리까지 올라갈 일이 없는, 즉 **받아 올림이 '없는' 경우**이다.

반대로 빼기를 할 때 그 왼쪽 10자리에서 하나 받아 내릴 필요 없이 제자리에서만 빼기가 가능한 경우에는, 굳이 용어를 구분하여 말하자면 **받아 '내림'이 없다**고 표현한다.

이왕이면 중앙점에서 시작하는 게 좋다는 것은, 중앙점은 그 왼쪽에는 여러 개의 자연수(정수), 오른쪽으로는 여러 개의 소수(小數) 중간 지점에 위치하여 비교적 좌우(左右) 균등한 자릿점이 되기 때문에, 다음에 소수 미만 자릿수도 많이 다룰 것에 대비하여 처음부터 중앙점에 자리 잡는 습관을 들이는 것이 중요하고 좋다는 뜻이다.

보기 6. 7-3-2=2

① 일의 자리에서 검지로 윗알
   5를 내림과 동시에 엄지로
   아래 두 알을 올린다.
② 아래알로 3을 뺄 수 없으
   므로 검지로 윗알 5를 올리
   면서 동시에 아래 두 알을
   추가로 올린다.
③ 추가로 올린 아래 두 알을 엄지로 내린다.

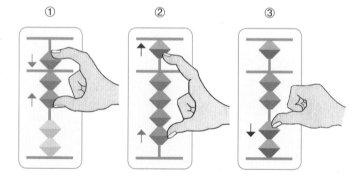

연습 문제 (4행)

번호	6	7	8	9	10
문제	3	4	6	2	8
	5	3	−5	7	−6
	−6	−1	8	−3	−3
	−1	−5	−2	−2	7
답	1	1	7	4	6

어? 10번 문제에서 8−6=2밖에 안 남아 있는데, 그다음에서 3을 빼라니?

뭐든지 모자란 건 빌리고 다음에 갚으면 되는 것이니까, 왼쪽 10자리에서 하나 빌렸다고 생각하고 3을 빼면 하나 빌린 상태로 9가 되고, 그다음 7을 더할 때 10자리에 하나 올려야 할 것을 안 올리면 갚는 셈이 되면서 답은 6이 된다. 여기서는 숫자가 몇 개 안 되는 간단한 문제니까 한두 개 빌리는 것은 마음속으로도 셀 수 있지만, 중급·상급 문제처럼 숫자가 많으면서 빌리고 갚는 회수(回數)가 빈번하게 일어날 때는 왼손 손가락을 이용해서, 빌릴 때는 엄지손가락부터 하나씩 오므리고, 갚을 때는 하나씩 펴나가면 된다.

그리고 끝까지 갚지 못한 것이 있을 경우의 답안 처리 방법은 (68쪽)에서 그 요령을 설명하여 두었다.

연습 문제 (5행)

번호	11	12	13	14	15
문제	5	6	2	3	8
	−3	1	4	5	1
	7	−9	−6	−1	−9
	−2	7	9	−8	4
	1	−3	−7	8	−3
답	8	2	2	7	1

보기 7.　9−8+7=8

① 일의 자리에서 엄지와 검지로 동시에 9를 놓는다.

② 엄지와 검지로 동시에 8을 뺀다.

③ 엄지와 검지로 동시에 7을 더한다.

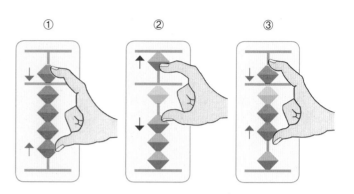

연습 문제 (5행)

번호	16	17	18	19	20
문제	4	1	6	8	9
	1	6	−5	−7	−8
	2	−4	4	8	7
	0	3	−2	−9	−3
	2	−1	5	0	1
답	9	5	8	0	6

※ 위 19번과 아래 24, 25번 문제처럼 최종 답이 0이면, '0'이라고 적어야 한다.

번호	21	22	23	24	25
문제	4	9	1	3	3
	−3	−4	3	6	2
	8	3	−4	−5	4
	−6	−5	7	3	−8
	2	6	2	−7	−1
답	5	9	9	0	0

번호	26	27	28	29	30
	7	2	8	5	6
	2	4	−9	4	−2
문제	−8	−5	4	−2	3
	5	8	6	−6	−4
	−3	−7	−2	4	1
답	3	2	7	5	4

(3) 받아 올림과 내림이 '있는' 가감산 문제

받아 올림이 있다는 말은, 더하기에서 앞의 경우와 다르게 답이 제자리만으로는 부족해서 왼쪽 10자리에 1을 더해(올려) 주어야 하는 보통의 경우이고, 반대로 빼기의 경우는 제자리만으로 부족하여 왼쪽 10자리에서 먼저 하나 빼주는(내리받는) 경우로서 **'받아 내림이 있다'**고 표현한다.

100단위 이상인 경우에도 그 왼쪽 10자리에 영향이 있느냐, 제자리에서만 움직이느냐의 여부에 따라 용어를 구분할 수 있는데 이는 어디까지나 설명의 편의상 구분하여 본 용어일 뿐이지, 초보자에게 별로 중요한 내용은 아니다.

구분	왼쪽 10자리에 영향 유무	표현 결론
(+)셈	없음 (제자리에서만)	받아 올림이 없다
	있음 (올림)	받아 올림이 있다
(−)셈	없음 (제자리에서만)	받아 내림이 없다
	있음 (내림)	받아 내림이 있다

연습 문제

번호	1	2	3	4	5
문제	2	9	6	5	6
	3	6	−7	7	4
	6	−4	3	−2	−5
	−8	5	8	3	7
답	3	16	10	13	12

※ 위 3번 문제에서 6-7 할 때는, 앞에서 설명한 바와 같이 왼쪽 십 자리에서 하나 빌렸다고 생각하고 **빼기**를 하면 일의 자리엔 9가 놓이고, 다음 +3으로 더하기 할 때 십 자리에 1을 안 올리면 방금 하나 빌렸던 것을 갚은 셈이 된다.

번호	6	7	8	9	10
문제	4	8	5	3	7
	7	9	−4	9	4
	−9	−4	3	1	−2
	5	3	6	−7	8
답	7	16	10	6	17

번호	11	12	13	14	15
문제	5	9	7	9	36
	4	6	−2	−3	−8
	9	5	5	8	−15
	3	4	8	−7	29
	7	9	−4	5	30
답	28	33	14	12	72

번호	16	17	18	19	20
문제	6	7	3	8	29
	5	3	6	7	3
	9	−8	5	5	−12
	7	2	7	4	53
	3	5	9	2	−71
답	30	9	30	26	2

번호	21	22	23	24	25
문제	69	40	34	53	71
	7	75	−9	6	4
	−25	8	−20	15	6
	3	36	78	2	28
	−18	5	4	89	54
답	36	164	87	165	163

번호	26	27	28	29	30
문제	90	38	89	63	46
	5	−9	4	7	29
	72	75	57	−92	5
	8	6	9	−2	34
	36	−22	43	74	81
답	211	88	202	50	195

(4) 선지법(先指法)과 후지법(後指法)

예(例)   9+6=15

[그림 1] 후지법 예시

① 일의 자리에서 엄지 검지로 동시에 9를 놓는다.

② 일의 자리에서 4를 먼저 엄지로 뺀다.

③ 십의 자리에 1을 엄지로 올린다.

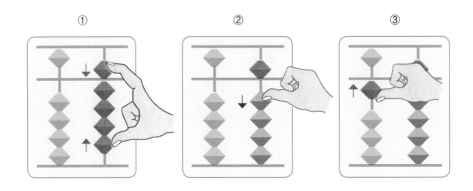

[그림 2] 선지법 예시

① 일의 자리에서 엄지 검지로 동시에 9를 놓는다.

② 일의 자리에서 6을 더할 수 없으므로 십의 자리에 먼저 1을 올린다.

③ 더 많이 더한 만큼의 수 4를 일의 자리에서 엄지로 뺀다.

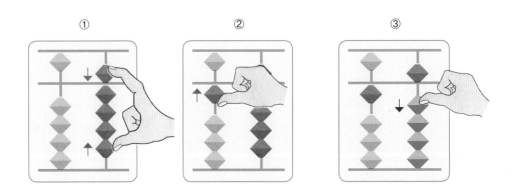

즉 위 두 가지 그림에서 9에다 6을 더할 때, 그림1과 같이 먼저 4를 빼 준 다음에 10을 올려 주는 원칙적인 방식을 **후지법**이라 하고, 반대로 그림 2와 같이 10을 먼저 올려 준 다음에 4를 빼주는 방식을 **선지법**이라고 한다. 선지법은 '선진법'이라고도 말하고, 후지법은 '후진법'이라고도 말한다.

언젠가 필자가 어느 세미나 행사에 초대받아 지도교사들을 위한 교육 현장을 참관한 적이 있었는데 어느 분의 질문이 "아이들에게 선지법과 후지법 중 어느 방법으로 가르쳐야 합니까?"이었다. 이 질문에 대한 강사의 답변은 "선택은 각자 선생님들이 알아서 하면 된다"고 그 이유에 대한 설명이 없이 애매하게 끝내 버리는 것이었다.

강의 초반에 여러 사람한테 필자를 소개하고 인사시켰으니 이 대목에서 필자의 생각은 어떠냐고 말할 기회를 주었으면 나는 이렇게 답변했을 것이다.

"초보자들에게는 일단 기초를 닦게 해야 하니까 원칙적으로 후지법으로 가르치는 게 정도(正道)이고, 나중에 상급반 내지 선수급에 다다를 실력이 되어 갈 때는 당연히 선지법으로 익히도록 하는 게 속도를 상당히 많이 단축시킬 수 있다."라고.

그 이유는, 가능한 한 손가락의 이동 거리와 횟수(回數)를 줄여야 속도가 단축될 것임이 당연한데, 후지법은 손가락이 끊임없이 오른쪽…왼쪽…다시 오른쪽…다시 왼쪽으로 반복해야 하는 반면에, 선지법은 손가락이 처음부터 왼쪽에서 오른쪽으로 마치 물이 흐르듯이 거의 한 번에 놓아 갈 수가 있기 때문이다.

여기서 왼쪽 10자리로 올라가는 걸 어떻게 미리 알 수 있느냐가 관건이다. 그것은 바로 머릿속 암산 능력이 실제의 손가락보다 빨리 움직일 수 있어야 하고, 그러다 보면 '9+9'라는 문제가 보이자마자 답은 18이니까 왼쪽 10부터 먼저 놓고 다음의 8을 오른쪽에 놓는 이치이다. 그래서 선지법은 학생들의 실력이 상당히 향상되었다고 인정되었을 때에 활용하는 것이 효율적이다.

드물게 나타나는 경우이긴 하지만 상당히 실감할 수 있는 예(例)를 하나 더 들어 보면,

중간에 19,997이 놓여 있는 상태에서 30,008을 더한다고 할 때, 후지법으로 하면 먼저 맨 오른쪽 7에다 8을 더하니 5가 남고, 왼쪽으로 계속해서 10을 3번 올려 주니 그 자체로는 답이 20,005가 될 것이고 거기에다가 30,000을 더해 주면 최종 답은 50,005가 되나, 이는 손가락을 거꾸로(왼쪽으로) 3~4번 움직였다가 다시 오른쪽으로 빨리 와야 하는 결과이기 때문에 선지법에 비하여 그만큼 속도가 늦어질 수밖에 없다.

선지법으로 했다면 최종 답이 50,005라는 것을 머릿속에서 먼저 암산으로 알고, 왼쪽만 단위에서부터 단번에 50,005를 만들어 버리듯이 놓아 가기 때문에 손가락이 왼쪽으로 갔다가 다시 오른쪽으로 올 일이 없이, 처음부터 한쪽(왼쪽에서 오른쪽)으로만 움직여서 속도가 크게 단축되는 것이다.

> **결론** ① 초급자 ⋯⋯▸ 후지법
> ② 중급자 ⋯⋯▸ 선지법으로 바꾸는 연습 병행
> ③ 상급반 내지 선수급 ⋯⋯▸ 선지법

(5) 주요 종목의 급수 기준

주산 급수(級數)는 1급 기준으로, 하위(下位)로 10급 정도까지 있고, 상위(上位)로 10단 이상이 있는데, 단(段) 규정은 특별히 정해진 바 없이 1급 실력자 중에서 최고 실력자의 속도 등을 기준으로 하여, 여러 사람의 묵시적인 동의하에 개별적으로 부여되고 있다.

필자의 전성기 때 실력은 11단이라고 호칭 받았는데, 그 뒤 후배들의 실력을 나더러 평가하라고 하면, 망설임 없이 15단 이상으로 부여하고 싶다. 특히 1988년도에 중국 심양에서 개최된 세계 주산 대회에서 '세계 주산왕'으로 등극한 이춘덕 선수(現 서울 여자 상업고등학교 교사)를 비롯하여 권영희, 이정희 선수 등의 실력을 보면 가히 인간의 두뇌계발 한계가 어디까지일지⋯ 한때 국제 주산왕으로 칭송받았던 나도 그 놀라운 기록 향상에 혀를 내두를 정도이었다.

문제의 단위와 분량은 다음 표(表)에서 보는 바와 같이 1급이 가장 높아 더 이상은 없고 따라서 단(段)급 문제는 1급 문제로 하되, 정답이면서 속도가 얼마나 빠르냐에 따라 단(段)의 등급을 매기는 방식이다.

급수 수준별 문제 기준은 세계주산心算연합회, 한국주산협회, 전국주산암산교육회 등 주최 측마다 상당한 차이가 있어서 여기에서는 그 평균치로 종합 정리해 보았을 뿐인바, 이는 앞으로 시간을 두고 당연히 통일된 기준을 만들어야 할 과제이며, 또한 앞으로 각종 주산 경기대회 '종목'으로 '기초 수학'을 하나 더 필수적으로 추가시킴에 따라 수학 문제의 세부적인 범위와 난이도 등도 중지(衆智)를 모아서 정하여야 한다.

※ 다음 기준표에서 수학 종목에 대한 기준 분류는 어디까지나 필자의 사견(私見)임을 첨언(添言)하며, 난이도는 이 책의 제5장 샘플 문제들을 참조하여 정하면 좋을 것으로 생각된다.

급수별 주요 종목의 문제 기준

(제한시간: 상급은 각 종목당 10분)

주요 종목	초급(7급 이하)	중급(4~6급)	상급(1~3급)	비고
독산 가감산	2~3위 혼합 5행	4~6위 혼합 10행	7~9위 혼합, 15행	각 10문제 中 加減算 4문제
승산	실·법 3~4위	실·법 5~6위	실·법 7~9위 (소수 문제 5~10문, 소수 3위 미만 반올림)	각 20문제
제산	법·몫 3~4위	법·몫 5~6위	법·몫 7~9위 (소수 문제 5~10문, 소수 3위 미만 반올림)	각 20문제
수학	유치원 수준	초등 1~3학년 수준	초등 4~6학년 수준	필자의 사견(私見)임

(6) 독산 가감산 초급(7급 이하) 연습 문제

번호	1	2	3	4	5
문제	28	475	84	465	72
	503	36	316	48	905
	−42	208	57	−907	81
	−879	59	702	92	234
	461	627	39	−536	63
답	71	1,405	1,198	−838	1,355

요령

위 1번처럼 계산 중간에 빼기(−) 수가 더 클 때는, 바로 윗자리(왼쪽)에서 하나 빌렸다고 생각하고 빼기를 해 나가다가 다음에 더하기(+) 수(數)로 올라갈 때 빌린 수(數)만큼 갚아 나가면 된다. 그리고 위 4번처럼 빌린 수(數)를 끝까지 갚지 못할 경우의 답(答)은 '얼마를 더하면 갚을 수 있는가의 보수(補數) 숫자'를 적고 앞에 (−)부호를 붙인다. 못 갚은 수가 2개 일 경우에는 앞에 1을 먼저 적고 보수 숫자를, 못 갚은 수가 3개일 경우에는 −2를 먼저 적고 보수 숫자를 적는 식으로 하면 된다.

번호	6	7	8	9	10
문제	597	68	768	425	814
	−32	390	−379	−92	−77
	134	−217	93	507	603
	58	487	−45	28	−182
	−309	−83	705	−795	54
답	448	645	1,142	73	1,212

◎ 다음은 문제 수(數)를 더 늘려서 연습하는 방법으로써, 5행(行)까지의 중간 답을 표시하는 형식으로 필요한 행(行)만큼을 더 추가해서 중간 답을 표시해 주고, 마지막에 전체 최종 답을 표기한다.

즉, 학생들 수준에 따라서 5행까지만 연습하게 하든지, 10행까지 또는 15행까지 전체 다 연습시키든지 선택적으로 할 수 있다.[11]

번호	11	12	13	14	15
문제	285	43	711	309	64
	−73	684	−366	−67	708
	408	−279	83	415	−428
	86	305	705	−108	392
	−392	−77	−93	62	−87
5행까지의 중간 답	314	676	1,040	611	649
문제	93	752	453	29	536
	850	−89	−379	570	−48
	−704	591	67	−349	287
	318	36	704	419	−503
	−48	−187	−84	−86	81
10행까지의 중간 답	823	1,779	1,801	1,194	1,002
문제	572	480	804	327	965
	134	175	754	438	−295
	369	−403	−853	−561	438
	−831	−162	165	890	−750
	−104	819	−209	−164	645
전체 최종 답	963	2,688	2,462	2,124	2,005

11) 호산 문제집, 성낙운 著

번호	16	17	18	19	20
문제	94	480	260	756	736
	814	92	−936	236	820
	738	−103	528	810	−183
	706	684	36	326	212
	28	−78	−638	502	−604
5행까지의 중간 답	2,380	1,075	−750	2,630	981
문제	340	690	136	836	833
	53	−135	283	958	−597
	218	504	−72	493	720
	904	−93	608	280	−816
	37	520	−736	482	268
10행까지의 중간 답	3,932	2,561	−531	5,679	1,389
문제	836	626	520	783	360
	80	70	186	212	147
	469	−418	−320	693	−503
	128	−296	−725	836	−125
	54	83	64	130	494
전체 최종 답	5,499	2,626	−806	8,333	1,762

번호	21	22	23	24	25
문제	570	308	675	563	79
	28	−47	38	78	846
	−349	586	−419	−490	−538
	264	29	582	−25	625
	−92	−710	−73	999	−32
답	421	166	803	1,125	980

24번 문제 마지막 더하기 숫자 999를 보면 숫자가 굉장히 빽빽하고 많게 보이나, 이런 경우에는 얼른 1,000을 더하고 끝에서 1만 빼주면 오히려 더 쉽고 빠르게 할 수 있다. (이것이 바로 선지법에 의한 운주 방식이다)

번호	26	27	28	29	30
문제	462	795	327	516	815
	839	−338	995	−273	606
	−999	259	−408	728	187
	−208	−632	159	−803	−213
	751	580	−635	717	−446
답	845	664	438	885	949

요령

① 28번 문제 +995처럼 숫자 9가 연달아 2개 이상 있을 때는, 앞의 +999처럼 1,000을 더해 주고, 많이 더한 만큼을 빼주면 된다. (여기서는 +1,000−5)
② 26번 문제는 위와 반대로 −의 경우이다.
　따라서 이때는 위와 반대로 1,000을 먼저 빼주고, 많이 뺀 만큼을 더해 주면 된다. (여기서는 −1,000+1)

(7) 독산 가감산 중급(4~6급) 연습 문제

번호	1	2	3	4	5
문제	240,651	63,278	−7,130	80,572	382,406
	3,978	415,901	53,916	604,258	6,713
	−54,036	20,487	375,407	8,704	91,075
	837,502	571,863	−69,285	41,369	540,287
	62,417	4,325	−8,074	3,470	28,693
	−9,240	235,096	937,548	390,816	9,180
	38,072	72,519	14,823	27,185	49,869
	−713,625	8,134	4,039	186,247	183,785
	−40,197	36,752	−246,301	527,061	30,619
	7,313	807,490	5,192	52,093	4,209
답	372,835	2,235,845	1,060,135	1,921,775	1,326,836

번호	6	7	8	9	10
문제	407,285	80,627	2,708	531,049	27,035
	8,039	273,019	−38,063	8,104	478,180
	−72,963	4,792	507,286	29,513	7,893
	6,412	51,263	6,315	718,230	46,978
	−281,532	9,478	−392,507	64,951	395,474
	−58,047	598,206	81,694	2,716	502,693
	4,108	27,189	−5,420	190,827	71,208
	860,374	46,315	−149,831	1,385	5,167
	97,640	5,021	654,074	37,462	193,750
	−43,256	367,530	93,182	463,108	50,842
답	928,060	1,463,440	759,438	2,047,345	1,779,220

※ 2단위나 3단위씩으로 끊어서, 암산으로 계산할 경우의 방법이나 요령은, 다음 (8)항
의 1급 문제 풀이의 예(81~83쪽)를 참조해서 하면 된다.

번호	11	12	13	14	15
문제	250,417	73,054	4,953	378,406	793,206
	5,290	230,911	675,203	51,372	8,397
	38,625	6,517	− 81,439	4,951	−50,469
	923,047	801,492	−293,518	60,287	39,998
	26,309	18,276	8,002	507,183	−499,993
	7,183	3,618	64,769	381,467	1,075
	63,174	475,207	− 92,168	7,130	28,370
	40,916	8,390	405,276	92,047	−319,273
	308,419	73,082	− 6,910	1,907	−8,762
	9,052	93,517	27,038	372,514	176,338
답	1,672,432	1,784,064	711,206	1,857,264	168,887

요령

위 15번 문제 4행째에서, +39,998할 때는 4만 원을 먼저 더하고 끝에서 2원을 빼주면 될
것이고, 5행째에서, −499,993 할 때는 앞에서 50만 원을 먼저 빼고 끝에서 7원을 더해 주
면 될 것이다.

번호	16	17	18	19	20
문제	51,038	310,462	518,226	384,516	390,276
	947,911	27,506	−41,058	299,407	518,645
	−7,846	683,178	213,648	68,932	24,076
	−608,542	8,413	72,890	20,519	632,498
	33,287	70,113	−8,792	593,283	407,962
	−193,285	299,471	−309,637	4,716	52,390
	2,993	58,617	25,903	906,253	418,267
	−46,172	9,108	816,719	37,092	30,788
	590,273	487,295	4,728	517,495	962,107
	4,517	32,016	−68,047	61,837	84,792
답	774,174	1,986,179	1,224,580	2,894,050	3,521,801

번호	21	22	23	24	25
문제	35,108	613,569	964,514	652,999	849,530
	273,615	82,073	150,673	971,612	453,987
	8,426	423,608	−172,863	209,993	−230,471
	790,287	78,463	208,482	480,661	687,695
	41,920	835,170	−720,343	377,007	−174,567
	204,653	32,984	735,258	198,542	827,931
	5,996	150,397	347,930	704,126	495,678
	74,827	91,806	−261,475	546,253	−805,762
	146,205	905,218	571,829	262,008	914,597
	90,628	340,629	−326,507	315,434	−839,653
답	1,671,665	3,553,917	1,497,498	4,718,635	2,178,965

번호	26	27	28	29	30
문제	56,215	391,807	70,129	710,948	8,057
	−1,408	40,629	937,421	−5,906	51,207
	270,516	8,413	5,384	48,271	308,594
	−7,634	927,584	523,714	29,408	7,285
	439,507	6,507	69,427	63,018	740,826
	−23,481	31,572	2,048	−80,672	59,063
	4,805	140,387	374,682	−374,680	1,496
	70,682	825,371	95,470	7,094	106,938
	−361,952	71,409	6,308	925,134	80,359
	580,924	3,084	806,149	−1,684	409,786
답	1,028,174	2,446,763	2,890,732	1,320,931	1,773,611

번호	31	32	33	34	35
문제	4,397	485,920	83,940	386,954	10,382
	37,485	47,269	960,472	2,093	869,371
	843,672	9,205	7,648	21,459	−9,618
	9,408	−362,947	41,073	517,483	73,046
	150,627	−58,069	254,173	7,209	−176,094
	3,641	274,308	8,692	48,091	3,829
	49,271	5,280	560,481	146,089	928,350
	572,489	−68,730	91,325	6,418	−96,082
	27,345	615,947	4,018	803,792	6,413
	708,360	−7,625	798,156	52,140	−258,976
답	2,406,695	940,558	2,809,978	1,991,728	1,350,621

(8) 독산 가감산 상급(1〜3급) 연습 문제

번호	1	2	3	4
문제	628,743,176	517,238,049	375,482,609	5,462,037
	2,508,439	50,182,376	6,327,582	810,359,714
	−70,415,293	4,703,865	20,587,463	43,278,632
	6,723,514	360,451,278	−3,047,246	307,416,953
	53,170,286	2,068,951	504,273,718	6,203,145
	−231,085,467	48,293,607	−72,069,537	93,180,256
	−62,310,925	6,317,586	5,391,284	27,463,590
	4,139,082	927,508,645	7,461,829	9,105,378
	90,632,746	71,082,503	719,540,273	602,541,738
	827,560,139	8,473,052	−41,253,068	50,286,493
	−3,291,507	746,310,957	−6,457,823	3,097,762
	80,146,372	9,103,625	260,729,546	193,275,403
	406,317,258	37,612,049	64,108,937	7,412,912
	−9,408,173	29,536,714	113,274,081	62,105,417
	910,253,712	604,813,296	−30,481,295	470,318,295
답	2,633,683,359	3,423,696,553	1,923,868,353	2,691,507,725

번호	5	6	7	8
문제	20,374,958	9,605,248	369,018,274	42,057,369
	847,056,231	57,083,194	−8,451,703	513,260,849
	5,310,746	138,460,572	73,246,528	7,316,203
	−72,418,580	4,372,605	516,473,819	265,493,072
	258,719,463	29,160,437	2,965,130	82,503,614
	3,405,817	725,238,604	5,307,246	9,745,280
	61,829,034	6,581,032	−47,108,352	27,538,729
	−409,573,685	39,804,716	−280,573,691	804,275,138
	−30,817,259	581,647,293	916,237,085	6,531,804
	2,918,732	1,327,586	7,350,816	8,462,517
	173,928,507	64,135,079	−10,723,609	93,685,475
	−92,107,462	406,518,728	9,127,634	170,926,546
	8,213,574	9,025,413	492,036,518	47,216,083
	659,207,148	810,396,275	6,317,085	630,751,825
	−1,752,930	18,407,536	−68,410,379	3,294,107
답	1,434,294,294	2,901,764,318	1,982,812,403	2,713,058,611

번호	9	10	11	12
문제	73,809,531	810,475,896	2,491,580	65,372,586
	4,243,167	7,219,673	276,993,695	270,945,863
	450,421,376	−48,256,983	37,525,952	−4,346,782
	2,762,459	5,843,059	4,660,341	541,569,042
	27,674,295	−273,620,327	510,254,073	−59,671,293
	286,138,024	59,483,697	48,736,207	392,496,380
	9,485,913	507,356,274	6,208,869	3,604,218
	80,310,842	−20,461,327	469,971,734	410,547,123
	603,596,780	9,670,953	60,212,186	−38,758,690
	32,512,753	−308,494,135	860,487,520	−1,426,706
	7,209,543	−8,237,564	5,214,395	80,865,791
	865,743,602	60,762,809	93,540,236	739,598,607
	187,160,489	619,501,423	399,108,924	63,210,874
	91,928,321	38,401,796	603,522,183	9,137,529
	529,306,935	158,152,640	72,973,069	−906,483,816
답	3,252,304,030	1,617,795,884	3,451,900,964	1,566,660,726

번호	13	14	15	16
문제	2,504,687	187,620,319	14,190,583	294,469,203
	87,042,893	3,697,452	516,395,274	82,731,205
	429,215,083	907,649,315	3,713,964	3,548,270
	54,681,409	−192,408,539	58,319,675	−317,925,640
	6,273,945	74,820,519	764,906,328	47,140,937
	725,904,873	6,324,791	2,095,684	−91,356,094
	204,273,169	−596,124,073	91,314,805	182,917,280
	10,738,502	52,408,921	208,592,071	8,537,406
	9,215,083	604,978,604	816,312,708	50,816,059
	165,923,018	−37,645,280	3,150,429	380,390,254
	581,043,972	9,053,271	57,280,983	−1,470,261
	27,509,412	86,728,901	317,351,026	−451,953,820
	809,999,457	−275,083,621	8,739,018	36,109,352
	8,217,493	−44,190,583	21,999,325	−203,412,890
	41,709,362	3,952,671	168,509,364	9,713,462
답	3,164,252,358	791,782,668	3,052,871,237	30,254,723

번호	17	18	19	20
문제	9,206,317	870,675,914	52,395,280	930,274,397
	−391,265,084	4,857,162	8,510,729	61,857,081
	30,931,485	48,530,241	380,947,831	−8,632,091
	310,735,834	310,452,086	72,130,652	237,619,035
	7,895,062	7,514,082	5,073,281	8,132,456
	−52,604,271	69,290,834	436,785,901	32,548,013
	−197,283,409	192,781,249	186,392,607	−620,819,254
	410,345,276	16,892,473	30,924,715	−75,408,561
	43,617,293	6,203,586	6,408,192	4,351,702
	−2,947,203	740,918,253	813,439,105	20,612,957
	88,107,248	527,634,272	96,250,963	−810,579,992
	571,296,034	41,259,107	1,830,617	319,476,057
	−38,745,083	817,403,261	41,902,358	5,206,185
	8,639,504	8,479,314	209,547,810	−49,869,047
	730,529,816	36,830,417	730,346,985	540,680,952
답	1,528,458,819	3,699,722,251	3,072,887,026	595,449,890

⑼ 중·하급자(中·下級者)가 상급(上級) 문제를 쉽게 푸는 방법

그러면 이제부터 실제 1급 문제를 놓고 중·하급자(中·下級者)도 상급 문제를 쉽게 푸는 방법을 설명한다. 물론 암산이 전연 안 되는 사람은 주판을 놓아 가는 중간에 주판알이 흐트러지지 않게 주의하면서 계속 일일이 놓아 갈 수밖에 없다. 독산 가감산은 규정상 주판으로 계산하여야 하므로, 3단위나 4단위 암산이 가능하면 다음 예시(例示)와 같이 실제

는 암산으로 하되, 형식적으로는 주판으로 계산하는 것처럼 손가락을 주판 위에서 굴리기라도 하여야 한다.

◎ 독산 가감산 1급 문제를 예로 들면,

방법 ①: **2단위씩 끊어서 암산으로 할 경우**

0,0	01,	02	0,3		← 올라가는 수(數)
4,5	26,	28	7,6	93	
	50,	31	7,2	86	
7	31,	49	2,5	08	
−	25,	80	7,3	94	
7,2	83,	16	0,4	59	
	9,	75	3,1	80	
− 1,0	46,	52	8,7	12	(두 번째 줄 −8,7까지의 답이 +5,1인 상태에서)
− 3	68,	04	9,5	13	(−9,5를 하려면 모자라니까 마음 또는 왼손가락으로 하나 빌림)
	4,	37	4,2	36	
9	10,	28	7,1	45	(위에서 하나 빌린 것 갚으면, 여기까지의 답은 +6,9임)
−	6,	54	1,0	38	
	73,	02	9,6	72	
5	04,	28	7,9	16	
− 6,3	70,	41	3,8	27	
	2,	63	0,4	19	
답: 6,2	78,	28	0,0	30	

위 문제의 오른쪽부터 2단위(십 단위)만 끊어서 15줄(행) 답을 내면 330원으로, 답은 우선 30원만 쓰고 앞의 3은 다음 왼쪽 2단위에 더해서 0,3+7,6+7,2…로 계산해 나가면 20,0이 된다. 그러면 답은 0,0으로 적되, 이때 주의해야 할 것은 반드시 콤마(,)를 빠뜨리지 않고 찍어야 한다.

이러한 방식으로 2단위씩 끊어서 할 때 5번에 걸쳐 나누어 계산한다는 번거로움이 있는 것 같으나, 익숙해지면 사실은 한 번에 주판으로 놓아 가는 것보다 속도가 훨씬 단축된다는 것을 알게 된다.

그 이유는, 암산 자체의 속도가 빠르기 때문이기도 한데다가 중간중간 답을 적음과 동시에 그 왼쪽 2단위를 몇 줄 정도는 암산을 병행하면서 진행할 수 있으므로, 답 쓰는 시간까지 자동적으로 절약되기 때문이다.

처음에 아이들은 방법을 몰라서 그냥 10억 단위의 많은 숫자만 보고 질리기부터 할지 모르나, 위 설명대로 부모나 지도교사가 차분하게 쉽다는 것을 설명해 주면 **"어! 별것 아니구나"** 하고 감탄해서 재미 붙여 더 많이 연습하려고 할 것이다.

방법 ②: **3단위씩 끊어서 암산으로 할 경우**

0,001,	002,		← 올라가는 수(數)
4,526,	287,	693	
50,	317,	286	
731,	492,	508	
− 25,	807,	394	
7,283,	160,	459	
9,	753,	180	
− 1,046,	528,	712	
− 368,	049,	513	← (이 경우엔 중간에 모자라서 빌릴 일 없음)
4,	374,	236	
910,	287,	145	
− 6,	541,	038	
73,	029,	672	
504,	287,	916	
− 6,370,	413,	827	
2,	630,	419	
답: 6,278,	280,	030	

3단위씩 끊어서 할 경우에는 3번만(마지막엔 4단위를 한 번에 하니까) 분할 계산하면 된다.

우선 오른쪽 3단위(백 단위)만 끊어서 15줄(행) 답을 내면 2,030원으로서 030원만 답을 쓰고 앞의 2는 다음 왼쪽 3단위에 더해서 002+287+317…로 계산해 나가면 답은 1,280이 된다. 그러면 또 답은 280으로 3단위만 적되 이번에는 끝에 반드시 ' , '를 찍어 '280,'으로 적고 앞의 1은 마지막 왼쪽 4단위에 더해서 0,001+4,526+50…로 계산하여 최종 답 '6,278'을 적는다.

위 공통 사항

① 왼쪽 빼기 부호(–)는 굳이 염두에 두지 않아도 자연히 눈에 들어오므로, 혹시 못 보면 어쩌나 하고 걱정할 필요가 없다.

② 만약 제일 큰 단위의 머릿수가 빼기 부호이어서 전체 답이 (–)일 경우에는, 앞의 68쪽에서 설명한 것처럼 앞에 (–) 부호를 붙이고 보수 숫자를 적으면 되는데, 이미 중간 부분 답을 써 놓은 상태에서는 2줄로 그어 정정하고 그 위에 다시 답을 써 주면 된다. (지금까지 전체 답이 –로 나오게 출제된 경우는 한번도 없었다.)

3

승산 (곱하기 셈)

승산은 다음에 설명할 제산(나누기 셈)과 공통적인 전제(前提) 사항으로, 먼저 '주판 上의 자릿수'와 '숫자上의 자릿수'와의 관계를 알아야 한다.

(1) 주판상의 자릿점과 숫자상의 자릿점 구별

주판에서 '일'의 자리는, 가름대上의 자릿점 하나를 선택(이왕이면 중앙점)하여 정하고 그 일의 자리(+1자리)를 기준으로, ① 왼쪽으로 한 칸씩 이동하면 십, 백, 천, 만… 단위 가 되면서 +2자리, +3자리…가 된다. ② 오른쪽으로 한 칸씩 이동하면 소수 첫째 자리(0 의 자리), 소수 둘째 자리(-1의 자리), 소수 셋째 자리(-2의 자리)…가 된다.[12]

① 정수는 소수가 없이 위에서 말한 '일'의 자리에 0부터 9까지의 수로 끝나는 수이다.
　앞에 -부호가 있더라도 소수와 구별해서 말한다면 '정수'이다.
② 대소수는 정수와 소수가 합하여진 수로, 소수점 이하 숫자가 유효 숫자 (1~9)이든,

---

12) 〈주산 실무 지도서〉, 김선태 著, 156쪽

0으로 시작되든, 자릿수는 위 정수의 자릿수와 같다.

③ 소수만인 경우에는, 소수점 이하 첫 번째 숫자가 유효 숫자인 경우에는 0자리, 0인 경우에는 유효 숫자가 나올 때까지의 0의 개수에 따라(−1자리), (−2자리)…가 된다.

◆ 주판에 소수 놓기

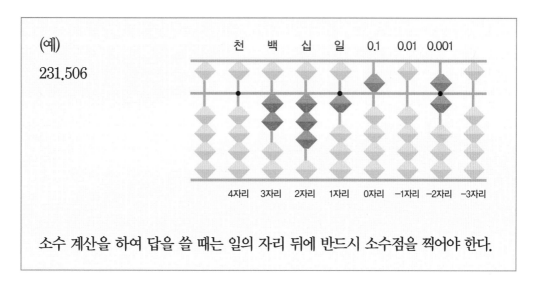

(예)
231.506

천	백	십	일	0.1	0.01	0.001
4자리	3자리	2자리	1자리	0자리	−1자리	−2자리	−3자리

소수 계산을 하여 답을 쓸 때는 일의 자리 뒤에 반드시 소수점을 찍어야 한다.

◆ 소수의 자릿수 알아보기

정수	대소수	소수
2 ·············· +1자리	2.354 ··········· +1자리	0.2354 ···········0자리
23 ············· +2자리	23.54 ··········· +2자리	0.0235 ·········· −1자리
235 ············ +3자리	235.4 ··········· +3자리	0.0023 ········· −2자리
숫자의 개수	소수점 앞 숫자의 개수	소수점 뒤 0의 개수

※ 승산과 제산 종목에서의 급수별 연습 문제는, 설명의 편의상 전체 설명을 먼저 하고 뒷부분에 게재한다.

(2) 곱하는 순서

보기   92×4=368

두승법(頭乘法)	미승법(尾乘法)
주산式 계산 방법	수학 필산式 계산 방법
앞자리 수부터 곱하기한다	**뒷자리 수**부터 곱하기한다
① 92×4= 368 ②	② 92×4= 368 ①

주산에서는 왼쪽 두승법으로 계산하는 것이 좋다. 특히 상급 문제에서 소수점 몇 위 미만 사사오입 조건일 경우에, **소수점 이하 여러 숫자를 불필요하게 많이 계산할 필요가 없기 때문이다.**

(3) 숫자상의 자릿수 계산 ⋯⋯▶ 주판상의 자릿점으로!

승산에서는 왼쪽 피승수(=곱하임수=實)의 자릿수와 오른쪽 승수(=곱하는 수=法)의 자릿수를 <u>더해서(+)</u> 주판상의 자릿점(=답의 자릿수)으로 한다.

① 정수×정수의 경우 (526×83=43,658)

  (+3자리)+(+2자리) ⋯⋯▶ +5자리부터 곱하기 셈을 시작한다.

  이 경우에는 머릿수 5×8=40이어서 처음부터 십 자리이므로 +5자리부터 놓기 시작하면 되나, 예를 들어 256×38처럼 숫자상의 자릿수는 +5자리 그대로이나, 머릿수

2×3=6으로 십 자리가 안 되고 '일' 단위이므로, 실제로는 한자리 아래(오른쪽)부터 6을 놓기 시작해야 할 것이다.

※ **십 자리**라 함은, 구구단 답이 10 이상인 수에 해당되는 자릿점을 말한다. 따라서 구구단 답이 10 미만인 경우에는 자릿점을 잡은 뒤에 그 한 자리 아래부터 놓아야 한다.

② 정수×소수의 경우 (2,375×0.42=997.5)

(+4자리)+(0자리) ⋯ +4자리부터 곱하기 셈을 시작한다.

이 경우에도 머릿수 2×4=8로, 십 자리가 안 되므로 실제는 한 자리 아래부터 놓기 시작한다.

③ 소수×소수의 경우 (0.587×0.036=0.021132)

(0자리)+(−1자리) ⋯ −1자리부터 곱하기 셈을 하면, 답은 0.021132가 된다.

소수 문제는 답이 무한대로 나올 수 있기 때문에, 1급 문제의 경우에는 대개 **'소수점 5위 미만 사사오입하라!'** 하고 단서가 붙는다. 위의 경우에 끝의 2는 사사오입에 영향이 없으므로 가볍게 버리고 답은 0.02113까지만 적으면 된다.

(4) 함정 문제 주의!

위와 같은 문제의 경우에 끝까지 셈을 하다 보면 답이 0.021134999⋯로 나가다가 혹시 끝의 숫자가 올라가서 0.021135001⋯로 바뀔지 모른다.

그러면 최종 답은 사사오입 결과 0.02114가 될 것인데, 속도에 집착한 선수들이 이러한 함정 문제를 간과하고 5위 미만 숫자가 4로 나오니까 무조건 4 이하를 버리고 답을 0.02113으로 써서 틀린 경우가 많았다. 실제 국제 대회에서 승산 20문제 중에서 이러한 함정 문제가 매번 2문제 정도 출제되었고, 이는 다음 항목에서 설명할 제산 종목에서도 마찬가지였다.

(5) 승산 속도 단축하는 방법 ⋯▸ '십 단위 구구단' 활용

곱셈 구구단은 누구나 초등학생 때부터 노래 가사처럼 외워서 잊지 않고 있다.

$1×1=1, 1×2=2$ ⋯⋯⋯⋯⋯⋯⋯⋯⋯⋯⋯⋯⋯⋯ $1×9=9$

$2×1=2, 2×2=4$ ⋯⋯⋯⋯⋯⋯⋯⋯⋯⋯⋯⋯⋯ $2×9=18$

⋯⋯⋯

$9×1=9, 9×2=18$⋯⋯⋯⋯⋯⋯⋯⋯⋯⋯⋯⋯⋯ $9×9=81$

구구단을 외우고 또 외우면 반복적인 자극으로 뇌의 학습 능력이 키워진다고 한다. 반복하면 반복할수록 전보다 훨씬 더 강하게 학습할 수 있고, 구구단을 자꾸 외우다 보면 구구단뿐만 아니라 숫자에 대한 이해도 명확하고 빨라지는 이유가 되기도 한다는 것이다.[13]

이 뒤를 이어 아래와 같이 10단위 구구단을 활용하면 속도를 거의 절반으로 단축시킬 수 있다.

영국 교육 당국이, 초등학생들에게 12단 구구단까지를 의무적으로 암기하여야 졸업할 수 있도록 한 방침[14]은 실로 놀랍다.

필자가 제일 좋아하고 재미있게 다룬 종목이 승산이었는데. 이는 바로 10단위 구구단을 활용함으로써 타의 추종을 불허(不許)하는 속도를 낼 수 있었기 때문이다.

---

13) 조선일보 2020년 11월 24일자 C1면, 안강병원 원장

14) http://me2.do/x4v1sqkx

혹자는 이 많은 숫자를 언제 다 외우느냐고 의아해할 것이다. 그러나 그 실은 외우는 것이 아니라 숫자가 눈에 들어오자마자 답이 나와 버리는 것이다. 3~4단위 암산 실력이 있고 연습을 많이 하다 보면, 암기한 거나 마찬가지로 저절로 눈에 들어온다.

$$10×1=10, \ 10×2=20 \ \cdots\cdots\cdots\cdots\cdots\cdots\cdots\cdots \ 10×9=90$$

$$11×1=11, \ 11×2=22 \ \cdots\cdots\cdots\cdots\cdots\cdots\cdots\cdots 11×9=99$$

$$\cdots\cdots\cdots$$

$$50×1=50, \ 50×2=100 \ \cdots\cdots\cdots\cdots\cdots\cdots\cdots 50×9=450$$

$$\cdots\cdots\cdots$$

$$99×1=99, \ 99×2=198 \ \cdots\cdots\cdots\cdots\cdots\cdots\cdots 99×9=891$$

보기 $396×83=32{,}868$의 경우:

① $39×8$을 한 번에 312로 하고, $6×8=48$은 그냥 구구단으로,

② $39×3$을 한 번에 117로 하고, $6×3=18$은 그냥 구구단으로!

(6) 거듭제곱셈을 한 번에 주판으로!

우선 다음과 같은 기초적인 수학 방정식과 그 풀이를 실제 숫자를 대입하여 검증해서 결과가 맞는지를 학생들에게 확인시켜 주면, 한층 더 감동을 받고 수학 공부에 재미를 붙이게 될 것이다.

기초 방정식 1 $(a+b)^2 = a^2 + 2ab + b^2$

이 방정식 풀이가 맞는지… 실제 숫자를 대입시켜 검증하여 보자.

a를 13, b를 7이라 할 때, $(13+7)^2 = 13^2 + (2×13×7) + 7^2 = 400$ 정답이다.

기초 방정식 2 다음에는 −의 경우로, $(a-b)^2 = a^2 - 2ab + b^2$

이 경우에도 실제 숫자를 대입하면, $(13-7)^2 = 13^2 - (2 \times 13 \times 7) + 7^2 = 36$으로, 방정식 풀이가 정확히 맞음을 알 수 있다.

이 검증도 필산이 아닌 '주산' ··· 나아가 **'주산式 암산'**으로 할 수 있어야 한다. 그러기 위해서는 먼저 '제곱셈'을 주산으로 할 수 있어야 한다. 위에서 $13^2 = 13 \times 13$으로 풀어서 생각하면, 자릿수는 (+2)자리+(+2)자리=+4자리 천 단위이므로, 천 단위 자릿점에서부터 곱셈을 해 나가면 된다.

주판을 털지 않고 그 자리에서 한 번에 다 계산하려면, 순서를 ① $2ab$부터 계산하여 놓은 다음에 ② a^2, ③ b^2의 순서로 더해 가면 되는데, −의 경우에는 $2ab$를 마지막에 계산하는 것이 편리할 것이다.

※ 등식(等式)과 방정식(方程式)의 개념 구별 및 미지수(모르는 수)의 계산 방법은 제5장의 2강. '수학 종목 문제 풀이 요령'에서 알기 쉽게 설명한다.

(7) 3제곱셈 이상도 중간 답 쓰지 않고 한 번에 주판으로!

이러한 요령으로 '3제곱셈', '4제곱셈' 이상의 거듭제곱셈도, 자릿점만 정확히 잡고 계산해 나가면, 중간 답을 따로 메모해 놓을 필요 없이 중간에 주판을 털지 않고 한 번에 계산할 수 있다.

◆ 3제곱셈의 예)

$13^3 = 13 \times 13 \times 13$ ··· 합하여 +6자리(십만 단위)에 자릿점을 잡고, 먼저 $13 \times 13 = 169$가 놓인 상태에서 털지 말고, 오른쪽부터 9를 털고 그 자리에서 13을 곱하여 놓고, 다음에는 6을 털면서 그 자리에 13을 곱하여 넣고, 마지막으로 1을 털면서 그 자리에 13을 곱하여 넣으면 최종 답은 2,197임을 알 수 있다.

⑻ 승산 초급(7급 이하) 연습 문제

번호	문제	답	번호	문제	답
1	13×2	26	11	58×7	406
2	15×5	75	12	530×4	2,120
3	3×14	42	13	6×48	288
4	23×6	138	14	316×9	2,844
5	28×9	252	15	72×41	2,952
6	8×27	216	16	8×630	5,040
7	34×3	102	17	253×8	2,024
8	37×7	259	18	3×729	2,187
9	9×39	351	19	607×7	4,249
10	40×4	160	20	89×6	534

요령

① 위 3번 등의 문제처럼 적은 단위의 숫자가 피승수(實)일 경우에는, 승수(法)와의 좌우(左右) 위치를 바꿨다고 생각하고 계산하는 것이 편하다. 예) 3×14 ⋯ 14×3으로!

② 역산(逆算)으로 검증하면서, 문제 수를 자동으로 늘려 연습하는 효과를 볼 수 있다.
위 15번을 예로 들면, 72×41=2,952

⋯ 2,952÷72=41

⋯ 2,952÷41=72

번호	문제	답	번호	문제	답
21	28×3	84	41	85×74	6,290
22	51×6	306	42	97×19	1,843
23	4×89	356	43	12×35	420
24	52×8	416	44	30×82	2,460
25	67×7	469	45	46×60	2,760
26	3×66	198	46	81×17	1,377
27	42×9	378	47	39×98	3,822
28	73×8	584	48	52×28	1,456
29	8×28	224	49	40×54	2,160
30	70×5	350	50	76×50	3,800
31	63×2	126	51	39×51	1,989
32	807×5	4,035	52	15×29	435
33	7×23	161	53	72×63	4,536
34	415×6	2,490	54	80×48	3,840
35	37×82	3,034	55	64×73	4,672
36	2×725	1,450	56	62×58	3,596
37	824×9	7,416	57	57×42	2,394
38	8×391	3,128	58	19×16	304
39	503×8	4,024	59	74×63	4,662
40	29×4	116	60	35×27	945

(9) 승산 중급(4~6급) 연습 문제

번호	문제	답	번호	문제	답
1	415×26	10,790	26	613×189	115,857
2	807×39	31,473	27	350×608	212,800
3	19×572	9,868	28	792×275	217,800
4	273×328	89,544	29	548×243	133,164
5	720×503	36,216	30	476×921	438,396
6	43×925	39,775	31	795×92	73,140
7	612×481	294,372	32	526×38	19,988
8	378×77	29,106	33	406×57	23,142
9	509×48	24,432	34	28×756	21,168
10	63×936	58,968	35	514×273	140,322
11	482×702	338,364	36	620×805	499,100
12	918×24	22,032	37	72×673	48,456
13	567×315	178,605	38	369×591	218,079
14	35×647	22,645	39	284×99	28,116
15	823×54	44,442	40	607×48	29,136
16	209×376	78,584	41	82×919	75,358
17	653×219	143,007	42	517×208	107,536
18	309×518	160,062	43	419×63	26,397
19	72×385	27,720	44	234×516	120,744
20	894×87	77,778	45	78×273	21,294
21	8,315×61	507,215	46	580×47	27,260
22	2,078×37	76,886	47	405×185	74,925
23	1,380×50	69,000	48	268×625	167,500
24	956×629	601,324	49	803×287	230,461
25	459×248	113,832	50	54×673	36,342

번호	문제	답	번호	문제	답
51	39×45,291	1,766,349	56	42×63,895	2,683,590
52	7,302×685	5,,001,870	57	247×5,629	1,390,363
53	916×7,403	6,781,148	58	3,018×967	2,918,406
54	6,845×490	3,354,050	59	83,072×81	6,728,832
55	10,387×51	529,737	60	1,503×469	704,907

(10) 승산 상급(1~3급) 연습 문제

승·제산 1~3급 문제에서는 소수점 3위 또는 5위 미만 절상, 절하 또는 4사5입(반올림) 조건을 제시하여 주는데, 보통은 사사오입 조건으로 한다.

(소수점 3위 미만 사사오입 할 것)

번호	문제	답	번호	문제	답
1	2,875×309	888,375	11	817,540×193	157,785,220
2	4,108×528	2,169,024	12	396×202,917	80,355,132
3	657×5,903	3,878,271	13	5,329×897	4,780,113
4	1,726×8,923	15,401,098	14	0,0843×0.56346	0.047
5	23.5×0.461	10.834	15	74,218×6,395	474,624,110
6	86,079×2,994	257,720,526	16	81,009×7,423	601,329,807
7	7,504×64,205	481,794,320	17	69.5307×0.00218	0.152
8	0.008532×0.2931	0.003	18	237,528×906	215,200,368
9	9,038×21,587	195,103,306	19	463×351,273	162,639,399
10	3,872×0.05731	221.904	20	2,919×78,062	227,862,978

8번과 14번 문제는 앞에서 설명한, 소수점 3위 미만 사사오입 조건의 함정 문제이다.

요령

6번 문제의 경우 승수 2,994와 같이 가운데 숫자 9가 하나 이상 여러 개 들어 있을 때는, 승수를 (3,000-6)으로 계산하면 속도를 많이 단축할 수 있다.

즉, 앞자리에서 1을 더해서 3으로 곱하여 준 대신에, 뒤에서 보수(많이 곱하여 준) 6으로 곱하면서 빼 준다.

번호	문제	답	번호	문제	답
21	3,652×807	2,947,164	36	86,005×3,936	338,515,680
22	5,204×638	3,320,152	37	57.2803×0.00495	0.284
23	742×2,905	2,155,510	38	478,229×507	242,462,103
24	6,359×5,980	38,026,810	39	643×282,409	181,588,987
25	37.4×0.816	30.518	40	3,929×36,085	141,777,965
26	81,042×7,993	647,768,706	41	198×0.7302	144.58
27	3,807×15,702	59,777,514	42	4,752×916	4,352,832
28	0.007254×0.6928	0.005	43	0.496×6,875	3,410
29	8,067×32,417	261,507,939	44	1,846×9,238	17,053,348
30	4,139×0.06982	288.985	45	0.0638×0.6831	0.044
31	246,870×398	98,254,260	46	296.1×3,617	1,070,993.7
32	594×408,275	242,515,350	47	257×910,783	234,071,231
33	9,723×198	1,925,154	48	0.0493×0.23916	0.012
34	0.0578×0.24698	0.014	49	52,789×4,371	230,740,719
35	52,739×7,493	395,173,327	50	0.5093×84,906	43,242,626

번호	문제	답	번호	문제	답
51	8,219×27,345	224,748,555	56	53,964×0.1632	8,806.925
52	56,425×71.43	4,030,437.75	57	54,027×7,932	428,542,164
53	150.29×2.108	316.811	58	0.0894×53,218	4,757.689
54	6,158×90,724	558,678,392	59	759.7×90,482	68,739,175.4
55	0.3495×0.08196	0.029	60	51.067×0.0942	4.811

4

제산 (나누기 셈) ···· 상제법으로 술술···

(1) 상제법(商除法)과 귀제법(歸除法)

나눗셈하는 방법으로는 상제법과 귀제법의 2가지가 있다.

필자가 선수로 활약할 때까지만 해도 우리나라의 국내 선수들 거의 모두가 귀제법을 사용하였다.

귀제법은 아래와 같은 제산 특유의 구구단을 활용하여 나눗셈하는 방법이었는데, 나중에 후회막급했을 정도로 난해하고 복잡해서 오답(誤答)이 나올 확률이 높고, 속도도 오히려 크게 떨어지는 바보 같은 방법이었다는 것을 뒤늦게 알게 되었다.

'2·1 천작(天作) 5, 2 진(進) 일십(10), 3·1 31, 3·2 62, 3진(進) 일십(10)···'

필자와 동갑 나이에 10여 년간 1, 2등을 번갈아 다툰 '라이벌'이었던, 일본의 '雨池建三(아메이께 켄죠우)' 선수가 다른 종목들은 모두 나에게 상당한 차이로 뒤졌는데, 유독 이 제산 종목에서는 다른 종목들에서 뒤진 기록을 상쇄하고도 남을 정도의 빠른 기록으로 앞서 나가는 경우가 여러 번 나온 게 의아스러워 알아본 결과, 다름 아닌 상제법을 사용한 것이었다.

※ 일본의 '아메이께 켄죠우' 선수는 오사카 대학을 마치고 브라질로 건너가, 십수 년간

을 주산 외길로, 브라질 국민들에게 주산 보급 사업을 했다고 들었는데, 이에 비해 나는 국내에서 석사 과정 수료 후 금융 기관과 대기업 직장 생활 등으로 상당 기간 주산계를 떠나 있었음을 지금도 늘 부끄럽게 생각하고 있다.

상제법은, 일단 아래의 (2)항에서 설명하는 자릿점부터 잡고 '나뉨수=피제수=實'를(을) 먼저 주판상에 놓아둔 다음에, '나눗수=제수=法'(으)로 나누어질 '몫'을 바로 앞자리에 세워 놓고, 곱셈 구구단으로 '제수'에 '몫'을 곱해서 **빼** 나가는 방법이다.

위에서 말한 바와 같이 귀제법은 이제 하나의 유물에 불과하므로 던져 버리고, 이하에서는 나눗셈을 상제법으로 하는 방법만 설명한다.

※ 제산도 승산에서와 마찬가지로 자릿점을 정확히 잡고 시작하는 것이 기본적으로 중요하므로, 자릿점 잡는 방법부터 설명하기로 한다.

(2) 숫자상의 자릿수 계산 … 주판상의 자릿점으로!

앞의 승산에서 숫자상의 자릿수를 계산할 때에는, 양쪽(피승수와 승수)의 자릿수를 **더해서** 주판상의 자릿점으로 하였으나, 제산에서는 왼쪽(피제수=實)의 자릿수에서 오른쪽(제수=法)의 자릿수를 **빼고**, 거기에서 **무조건 1자리를 더 뺀** 자릿수를 주판상의 자릿점으로 한다.

이때 양수와 음수의 숫자상 자릿수 계산 시, 아래와 같은 기본적인 수학 공식은 반드시 암기해 둬야 한다. 승산에서는 양쪽 자릿수를 더했기 때문에 별로 틀릴 일이 없으나, 제산에서는 음수에서 음수를 빼야 하는 경우가 많으므로 자칫 틀리기 쉬운 것이다.

$$A+(+B)=A+B, \quad A-(+B)=A-B$$
$$A+(-B)=A-B, \quad A-(-B)=A+B$$

① 정수÷정수의 경우

2,415÷69 ⋯ 답=35인데 우선 자릿점부터 계산하면,

(+4자리)−(+2자리)−(1자리)=+1자리부터 2,415를 놓고 그 앞에 몫으로 일단 가장 근사치인 3을 세워서 69(제수)에 곱하면서 빼 나간다. 그러면 345가 남고 다시 그 몫으로 5를 세워 69(제수)에 곱하면서 빼 나가면 답은 자릿점도 정확히 35가 된다.

※ 소수 구하는 문제가 아니고 '나머지'를 구하라는 문제의 예(例):

386÷4 ⋯ 답은 '96 나머지 2'라고 적으면 된다.

(+3자리)−(+1자리)−(1자리)=+1자리에 386을 놓고 몫을 처음에 9, 다음에 6을 세워서 차례로 4를 곱하여 빼 나가면 2가 남는 것을 알 수 있다.

② 정수÷소수의 경우

4,089÷0.047

(+4자리)−(−1자리)−(1자리)=+4자리부터 4,089를 놓고 그 앞에 몫으로 8**(근사치로 잘못 9를 세웠다고 해도 다시 털어서 시작하지 않고, 그 자리에서 바로 수정하는 방법이 다음 (4)번 항목에서 나오니 걱정 안 하여도 됨)**을 세워서 47을 곱하면서 빼 나가면 329가 남고, 다시 그 몫으로 7을 세워 47을 곱하면서 빼 나가면 답은 87,000이 될 것이다.

③ 소수÷소수의 경우

앞의 승산 문제를 역산(逆算)으로 검토하여 볼 겸, 아래와 같이 얼핏 어렵게 보이는 소수÷소수 문제를 하나 더 풀어 본다.

0.021132÷0.036=0.587

(−1자리)−(−1자리)−(1자리)=−1자리에 21132를 놓고 36으로 나누면 답은 0.587임을 알 수 있다.

(3) 몫 9 만들기

양쪽 첫수끼리 같고 두 번째 수끼리 비교해서, 나누는 수(제수)가 클 때는 바로 앞에 몫 9를 세운다.

예(例)   261÷29=9

306÷34=9

(4) 몫을 과다(過多) 또는 과소(過少)하게 세웠을 경우의 간단한 수정 방법

① 몫을 과다하게 세웠을 경우에는 많이 세운 만큼의 몫을 그 자리에 서 빼주고, 많이 뺀 만큼의 몫을 다시 제수에 곱해서 **반대로 더해 준다.**

312÷39=9 ⋯➡ 8

81÷27=4 ⋯➡ 3

② 몫을 과소하게 세웠을 경우에는 적게 세운 만큼의 몫을 그 자리에서 더해 주고 더한 만큼의 몫을 **한 번 더 제수에 곱해서 빼 준다.**

152÷19=7 ⋯➡ 8

(5) 함정 문제 주의!

제산 문제에서도 앞의 승산(87쪽)에서와 같이 소수점 5위 미만 반올림하라고 할 경우, 빨리 감각적으로 처리할 것이 아니고 최소 6위, 애매할 때는 7위 8위까지도 계산해 보아야 할 경우가 있다는 것을 주의해야(!)할 것이다.

(6) 제곱근(√)과 3제곱근(^{3}√)의 계산

제곱근(Square Root) 계산을 **개평산(開平算)**이라 하고, 3제곱근 또는 세제곱근(Cubic Root) 계산을 **개립산(開立算)**이라고 한다.[15] 개평산이나 개립산이란 용어는 사용하기가 상당히 혼란스럽고 어려우므로, 이 책에서는 그냥 **제곱근, 3제곱근**으로 표현한다.

Ⅰ. 제곱근 계산

예 1) ^{2}√144=12

① 소수점(일의 자리)을 기준으로 2자리씩 구분하고, 다음 순서에 따라 계산한다.

② 1에 가장 가까운 수로서, 제곱근이 1 이하인 수는 1이므로 답의 첫 숫자는 1이 된다.

③ 1-1²을 계산하여 빼면 오른쪽에 44가 남는다. 왼쪽은 1+1=2를 내려쓰고, 오른쪽에 남은 44에 대하여 $2x × x$가 44 이하로서 가장 큰 정수를 찾아내면 2이다. 즉, 같은 x안의 숫자로서 얼마를 곱하여 주면 44가 되겠느냐이다.

④ 그러면 답은, √위의 숫자 12이다.

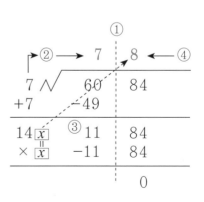

예 2) ^{2}√6084=78

① 위의 예처럼 소수점(일의 자리)을 기준으로 2자리씩 구분하고, 다음 순서에 따라 계산한다.

② 60에 가장 가까운 수로서, 제곱근이 60 이하인 수는 7이므로 답의 첫 숫자는 7이 된다.

③ 60-7²를 계산하여 빼면 1,184가 남는다.

---

15) 황창영 著 〈주산 교육과 수학〉 11쪽, 131쪽 참조

왼쪽은 7+7=14를 내려쓰고, 오른쪽에 남아있는 1,184에 대하여 $14x \times x$가 1,184 이하로서 가장 큰 정수를 찾아내면 8이다.

즉, 같은 x안의 숫자로서 얼마를 곱하여 주면 1,184가 되겠느냐 하는 것이다.

④ 그러면 답은, √ 위의 숫자 78이다.

◆ 위와 같은 순서와 요령으로 주판 상의 자릿점을 띄워서 응용하면, 제곱근 계산도 주산이나 주산식 암산으로 금방 해낼 수 있다.

II. 세제곱근 (³√) 계산

세제곱근 계산은 위 제곱근(√) 계산보다 한 수준 높은 것에 불과하다고 하겠지만 실제 계산은 엄청 더 복잡해지므로, 추후 특강 기회가 있을 때에 설명하기로 하고 이 책에서는 생략한다.

(7) 제산 초급(7급 이하) 연습 문제

번호	문제	답	번호	문제	답
1	24÷4	6	11	376÷94	4
2	63÷3	21	12	261÷29	9
3	492÷6	82	13	312÷39	8
4	140÷4	35	14	2,438÷53	46
5	273÷7	39	15	152÷19	8
6	96÷32	3	16	4,089÷47	87
7	136÷34	4	17	3,315÷39	85
8	285÷57	5	18	386÷4	96 나머지 2, 또는 96.5
9	492÷82	6	19	76÷19	4
10	747÷83	9	20	81÷27	3

요령

① 역산(逆算)으로 검증하면서, 문제수를 자동적으로 늘려 연습하는 효과를 볼 수 있다. 위 16번을 예로 들면, 4,089÷47= 87

⋯➙ 47×87=4,089

⋯➙ 4,089÷87=47

② 위 18번의 경우처럼 답에 나머지가 나올 때 그 처리에 대한 특별한 언급이 없으면, 답은 '96 나머지 2'라고 써도 되고, '96.5'라고 소수(小數)로 표시해도 된다.

번호	문제	답	번호	문제	답
21	72÷8	9	36	3,312÷72	46
22	35÷7	5	37	6,256÷68	92
23	65÷5	13	38	2,956÷39	75 나머지 31, 또는 75.791
24	80÷10	8	39	378÷21	18
25	128÷8	16	40	1,938÷57	34
26	72÷3	24	41	5,840÷8	730
27	75÷25	3	42	312÷26	12
28	84÷7	12	43	2,560÷32	80
29	178÷89	2	44	1,430÷5	286
30	216÷6	36	45	1,800÷40	45
31	472÷59	8	46	1,767÷19	93
32	148÷37	7	47	6,460÷85	76
33	476÷7	68	48	3,708÷9	412
34	198÷99	2	49	5,073÷57	89
35	1,196÷23	52	50	4,692÷92	51

번호	문제	답	번호	문제	답
51	322÷14	23	56	736÷32	23
52	2,660÷38	70	57	5,124÷61	84
53	2,565÷45	57	58	5,734÷94	61
54	6,720÷70	96	59	1,230÷15	82
55	1,335÷89	15	60	5,580÷62	90

⑻ 제산 중급(4~6급) 연습 문제

번호	문제	답	번호	문제	답
1	18,582÷326	57	16	151,767÷2,409	63
2	119,544÷408	293	17	536,424÷5,768	93
3	44,144÷62	712	18	388,485÷445	873
4	75,075÷91	825	19	389,304÷72	5,407
5	22,218÷618	36	20	309,435÷6,315	49
6	151,218÷279	542	21	221,595÷395	561
7	329,266÷811	406	22	142,604÷5,093	28
8	280,922÷394	713	23	309,260÷470	658
9	170,382÷219	778	24	82,579÷251	329
10	374,430÷923	410	25	694,704÷984	706
11	86,500÷125	692	26	393,032÷584	673
12	135,801÷573	237	27	182,390÷7,015	26
13	399,396÷498	802	28	750,870÷927	810
14	262,448÷752	349	29	646,737÷91	7,107
15	301,402÷37	8,146	30	573,165÷813	705

번호	문제	답	번호	문제	답
31	368÷46	8	46	3,332,064÷488	6,828
32	5,832÷9	648	47	46,364÷67	692
33	51,555÷7	7,365	48	58,040÷89	652 나머지 12 또는 652.134…
34	988÷26	38	49	451,888÷926	488
35	6,650÷70	95	50	200,022÷37	5,406
36	16,728÷82	204	51	409,326÷8,026	51
37	46,728÷649	72	52	213,028÷76	2,803
38	396,098÷73	5,426	53	597,632÷736	812
39	3,574,792÷929	3,848	54	33,572÷218	154
40	501,615÷639	785	55	293,661÷603	487
41	29,016÷36	806	56	570,768÷94	6,072
42	41,492÷46	902	57	55,770÷286	195
43	135,408÷248	546	58	302,214÷723	418
44	279,091÷397	703	59	592,271÷653	907
45	104,545÷29	3,605	60	160,212÷39	4,108

(9) 제산 상급(1~3급) 연습 문제

(소수점 3위 미만 사사오입 할 것)

번호	문제	답
1	910,695÷327	2,785
2	3,881,514÷546	7,109
3	3,891,412÷5,914	658
4	14,615,790÷8,205	1,762
5	14.2428÷0.572	24.9
6	425,254,694÷4,997	85,102
7	363,739,376÷63,769	5,704
8	0.002480729÷0.2931	0.008
9	244,144,334÷27,058	9,023
10	477.22037÷0.05731	8,327
11	158,638,190÷197	805,270
12	101,147,452÷203,516	497
13	2,269,866÷894	2,539
14	47.500521÷0.0843	0.563
15	348,269,841÷6,417	54,273
16	205,805,215÷7,529	27,335
17	0.232983249÷0.00327	71.249
18	237,237,525÷925	256,473
19	265,261,227÷408,723	649
20	28,195,708÷5,732	4,919

주의

위 8번과 14번 문제는 함정 문제까지는 아니나, 주의를 요(要)한다.

즉, 소수점 3위 미만 사사오입 조건이니까 최소한 4위까지는 답을 내봐야 하지만, 위 8번 답은 0.00846으로 나가고, 14번 답은 0.56347로 나가므로 4위 이하에서 올라갈 일은 없지만, 앞에서 설명하였다시피 4가 5로 올라가서 최종 답에 영향을 줄 수도 있으므로 주의하여야 한다.

(소수점 3위 미만 사사오입 할 것)

번호	문제	답
21	2,043,822÷537	3,806
22	1,714,077÷681	2,517
23	3,529,764÷7,308	483
24	30,037,504÷8,092	3,712
25	42.4545÷0.465	91.3
26	162,310,896÷2,996	54,176
27	89,021,392÷31,748	2,804
27	0.0046188÷0.5132	0.009
29	251,790,784÷62,048	4,058
30	316.52975÷0.04925	6,427
31	122,182,164÷598	204,318
32	361,819,489÷405,173	893
33	3,408,174÷693	4,918
34	0.04238941÷0.0582	0.728
35	209,632,664÷7,316	28,654
36	85,261,008÷3,948	21,596
37	470.02852÷0.00754	62,338
38	223,778,523÷437	512,079
39	480,015,536÷507,416	946
40	60,732,653÷6,817	8,909

번호	문제	답
41	350,980÷805	436
42	0.837546÷0.976	0.858
43	6.39138÷8.63	0.741
44	4,624,196÷50,263	92
45	0.539718÷0.094	5.742
46	3,194,334÷374	8,541
47	39.650014÷8.428	4.705
48	29,173,752÷7,268	4,014
49	0.37172862÷0.0584	0.637
50	41,396,295÷50,793	815

5

다음 종목들은 일종의 응용셈이므로 가볍게 생각!

급 수 시험이나 경기대회의 本 경기 종목으로는, 대부분 앞에서 설명한 가감산·승산·제산의 기본 압축 3종목에다 전표산과 독산 암산 2종목까지 合하여 5종목을 실시하고 있다.

전표산과 독산 암산은 앞에서 설명했던 독산 가감산의 응용셈에 불과하면서, 전표산에서는 감산(빼기) 문제가 없고 가산(더하기) 문제로만 10문제씩이다.

그리고 호산 가감산(또는 호산 암산), 게시 암산 등 다른 종목들 또한 대부분 위 압축 3종목의 응용셈에 불과하므로 가볍게 생각하면 된다.

⑴ 전표산

전표산은 전표 한 장에 1문제당 7~10단위의 숫자가 5문제씩 적힌, 전표 15장(1장이 1행(行)꼴)을 다발로 묶어서 한 장 한 장씩 넘겨 가며 더하는 종목이다.

5~6단위 암산이 익숙한 사람은 손가락을 주판 위에 올려놓고 형식적으로는 주판으로 계산하는 것처럼 하면서 실제는 암산으로 하되, 암산을 한 번에 10단위 다 하기는 어려우므로 5단위씩 2번으로 나누어서 계산한다. 2번에 걸쳐 계산하더라도 암산 자체로 속

도가 단축되는 데다, 일부분의 답을 쓰면서 동시에 다음 장에 적혀 있는 숫자를 2~3장 벌써 넘겨 가고 있기 때문에 속도가 상당히 많이 단축될 수 있다.

이는 어쩌면 전표를 얼마나 빨리 넘길 수 있느냐에 달려 있다고도 말할 수 있는데, 왼손 새끼손가락과 약지, 중지 손가락으로 전표 왼쪽 상단에 묶음철 부분을 꾹 누르고, 왼손 엄지와 검지로는 수시로 미끄런 '쵸크'(은행원들이 흔히 지폐 셀 때 사용하는)를 묻혀 가면서 빨리 넘길 수 있다. 암산 실력이 3~4단위밖에 안 되지만 빨리 넘길 수 있다고 하여 3번 이상으로 나누어서 계산하는 것은 오히려 역효과라는 게 선수들의 경험으로 증명된 바 있고, 암산 실력이 최대 4~5단위밖에 안 되면 7~10단위의 숫자를 일일이 주판에 놓아 갈 수밖에 없다.

앞서 소개한 일본의 '아메이께 켄죠우' 선수는, 암산 실력을 뽐내어 5단위씩 2번으로 나누어 계산하다가 10문제 중 3문제나 오답(誤答)이 나와 등외(等外)로 탈락하는 수모를 당한 바 있다.

연습할 때가 아니고 시합 때에 암산으로 하느냐, 주판으로 하느냐는 본인들이 신중하게 판단하여야 할 것이다.

(2) 독산 암산

앞에 설명한 다른 종목들은 형식적이나마 전부 주판을 사용한 것처럼 계산하여야 하지만, 암산에 관한 종목은 아예 주판을 사용해서는 안 되고 반드시 암산으로만 풀어야 한다.

독산 암산 문제는 독산 가감산과 같이 행(行)은 15줄로 같으나, 단위가 4~6단위밖에 안 되어 별로 부담이 없다. 4~6단위 혼합 문제인데 이 경우에도 3단위씩 2번으로 나누어서 하거나 2단위씩 3번으로 나누어서 할 수 있고, 10문제 中 감산(減算)문제가 4문제 들어 있다.

번호	① 3단위씩 끊어서 암산할 경우	② 2단위씩 끊어서 암산할 경우
요령	밑에 3단위씩 답 쓰고, 올라가는 수는 상단 왼쪽 3단위에 가산	밑에 2단위씩 답 쓰고, 올라가는 수는 상단 왼쪽 2단위에 가산
문제	006, 38,642 510,287 4,765 37,407 9,053 490,213 82,069 5,890 286,315 92,837 762,419 6,508 79,316 801,652 619,503	030,0 533,612 10,257 8,705 −47,318 6,073 − 307,546 −42,538 6,730 395,407 62,815 903,526 −3,107 47,913 − 601,274 219,708
답	3,826,876	1,192,963

연습 문제 (4~6위 10행)

번호	1	2	3	4	5
문제	19,708	5,840	96,408	238,479	247,065
	6,427	−1,672	6,741	−75,208	3,018
	5,319	27,435	482,957	6,083	873,250
	905,286	906,152	36,170	−180,452	94,573
	4,738	4,831	817,386	46,931	2,086
	260,957	834,610	7,523	−7,495	268,071
	92,605	−97,301	706,152	312,954	29,170
	1,473	8,256	83,429	−39,105	420,916
	79,526	−394,681	2,609	463,957	8,351
	524,709	31,469	283,051	5,978	56,074
답	1,900,748	1,324,939	2,522,426	772,122	2,002,574

연습 문제 (1급)

번호	1	2	3	4	5
문제	88,193	146,089	9,352	706,138	35,864
	−2,837	46,718	361,587	8,712	708,392
	697,452	3,647	92,063	−18,432	5,089
	−412,365	530,764	2,761	872,964	95,863
	1,857	1,089	−29,450	61,570	326,408
	−76,324	80,156	983,162	−7,268	546,279
	583,621	853,792	17,235	80,926	7,268
	26,495	391,685	6,459	−482,913	35,096
	9,472	5,718	−785,164	−501,482	643,912
	820,519	15,293	−491,607	5,820	4,680
	953,271	7,108	60,274	67,045	24,870
	−41,862	970,148	258,367	705,934	1,932
	1,752	8,142	305,241	−90,417	875,139
	−934,081	41,275	−80,671	8,041	415,963
	74,253	834,509	−7,416	259,163	63,147
답	1,789,416	3,936,133	702,193	1,675,801	3,789,902

(3) 호산 가감산과 호산 암산

앞에서 열거한 5가지 本 종목 경기가 끝나면, 관객의 흥미를 돋우기 위하여 호산 가감산과 호산 암산·게시 암산·플래시 암산·릴레이 암산 등 몇 가지 종목의 번외(番外) 경기를 한다.

독산 가감산과 암산은 각자에게 제시된 시험 문제를 보고 혼자(獨) 계산하는 종목이지만, 호산 가감산과 호산 암산은 진행자가 전체 선수들에게 공통으로 불러 주는(呼) 숫자를 여러 사람이 같이 듣고 명령에 따라서 계산하는 종목이다. 이를테면 중간에 '빼라'든지, '더하라'든지 명령에 따라야 한다.

호산 가감산(또는 암산)의 예

준비 구령 문제	불러 〔털고〕 놓기 〔넣기〕 를!
2,605	이천육백공오원이요!
493	사백구십삼원이요!
−543	**빼기를** 오백사십삼원이요!
−750	칠백오십원이요!
−318	삼백십팔원이요!
814	**놓기〔넣기〕를** 팔백십사원이면?
답	2,301원

※ 부르는 수(數)의 뒤에 '원이요'라는 구령은 수를 계속 부른다는 뜻이며, 마지막에 '원이면?'이라는 구령은 수를 모두 불렀으니 답을 적으라는 뜻이다.

주의

진행자가 중간에 '빼기를…' 하고 부르다가 한참 후에 다시 '넣기를…' 하고 부를 때가 있는데, 이 경우에는 '넣기를…' 하는 말이 나오기 전까지는 빼라는 말이 없더라도 계속 뺄셈으로 하여야 한다.

진행자가 부르는 숫자를 일일이 주판으로 계산하는 방식이 호산 가감산(대개 단위가 7~10단위 혼합)이고, 주판상에 전연 손대지 않고 암산으로만 계산하는 방식이 호산 암산(대개 4~6단위 혼합)이다. 호산 암산은 주산의 꽃이라고 말할 수 있다.

호산 가감산과 호산 암산은 진행자가 부르는 숫자를 하나만 놓쳐도 정답을 맞힐 수 없기 때문에 고도의 집중력이 필요하고, 따라서 아이들의 기억력도 향상될 수 있는 좋은 종목이라고 말할 수 있다. 그래서 실제 호산 암산은 빨리 불러 줄수록 잘된다는 말이 나온다.

천천히 불러서 시간 간격이 길면 길수록 중간 답을 놓치지 않아야 한다는 부담감 때문에 오히려 다음 수의 암산에 혼란이 올 수 있다. 이는 그만큼 집중력의 효과가 크다는 것을 뜻한다.

호산 가감산 연습 문제 (4~6위 10행)

번호	1	2	3	4	5
문제	27,649	485,920	1,402	386,954	48,091
	5,026	−80,172	37,625	5,768	928,350
	843,672	7,029	960,472	−21,534	6,413
	49,271	362,947	90,481	517,483	258,976
	108,362	−51,934	354,173	−1,679	63,249
	4,508	−9,408	560,481	80,952	5,467
	37,485	70,381	5,280	−869,371	146,089
	572,489	−274,308	798,156	−7,209	73,046
	3,641	615,947	9,205	176,094	8,519
	150,627	3,948	68,730	52,140	853,792
답	1,805,730	1,130,350	2,886,005	319,598	2,391,992

호산 암산 연습 문제 (2~3위 10행)

번호	1	2	3	4	5
문제	28	70	408	70	942
	795	145	26	58	80
	−39	29	57	482	−674
	−260	653	129	16	325
	481	48	30	379	61
	72	625	356	973	−54
	649	13	178	80	936
	−15	198	89	716	−20
	−350	234	934	42	−126
	84	70	29	567	37
답	1,445	2,085	2,236	3,383	1,507

(4) 게시 암산

독산 가감산과 전표산 문제는 7~10단위의 혼합 문제이나, 게시 암산은 10단위 10행(10억 단위 10줄)의 加算(더하기) 문제로, 여러 선수가 각자 앉은 자리에서 동시에 쳐다보고 계산할 수 있도록 숫자를 전지(全紙)에 크게 써서 앞에 게시해 놓고 암산으로 계산하는 종목이다.

따라서 정확히 표현하면 '게시 가산 암산'이라고 호칭해야 할 것이다. 대개 답까지 다 쓰고 번호탑을 들 때까지 10초에서 20초 이내로 끝나는데, 콤마까지 정답을 정확히 기입한 선수 중에서 속도가 빠른 순위(번호탑 들기)로 등수를 결정하는 방식이다.

10억 단위를 10줄 하면 숫자가 100개인데 이를 10초 만에 계산하고 답까지 써내니, 관객들의 눈이 휘둥그레지고 흥미진진해 하지 않을 수 없다.

독산 가감산과 독산 암산 종목에서 설명하였듯이, 3~4단위 암산이 가능한 사람은 오른쪽부터 3단위씩 끊어서(마지막은 왼쪽 4단위) 계산해 나가고, 2~3단위 암산이 가능하면 2단위씩 끊어서 5번으로 나누어 계산하면 된다.

이 같은 방식으로 국제 대회에서는 이 게시 암산과 게시 승(산)암산, 그리고 게시 제(산)암산까지 3종목에 대한 번외(番外) 경기를 통해 각 국가의 암산 실력을 관객들의 눈에 훤히 보이게 해줌으로써 흥미진진함을 더해 주고 있다.

연습 문제(10위 10행)

번호	1	2
문제	3,876,205,194	8,249,806,537
	6,189,720,867	3,868,713,402
	2,754,075,348	5,926,180,551
	8,023,639,537	4,170,327,514
	6,723,064,591	1,851,294,750
	9,278,946,501	7,568,423,058
	7,802,569,438	7,405,679,271
	4,706,394,120	9,126,023,846
	5,928,181,306	2,084,297,194
	1,815,294,076	6,419,972,832
답	57,098,090,978	56,670,718,955

(5) 플래시 암산

이는 앞의 게시 암산 종목의 일종이면서 호산 암산 학습을 대체할 수 있는 종목이다.

게시 암산은 문제 전체를 연단 앞의 흑판에 크게 게시해 놓고 계산하기 때문에 계산 도중에 일부 틀렸다고 생각되면 다시 계산할 수 있지만, 플래시 암산은 흑판의 어두운 화면에 한 줄 숫자가 거의 순간적으로 비쳤다가 사라지고, 다시 다음 줄 숫자가 비쳤다가 사라지고를 반복하는 방식이기 때문에 중간에 집중이 안 되어 숫자를 잘못 보았다거나 따라가지 못하면 다시 계산할 수 없는, 고도의 집중력이 필요한 종목이다.

호산 암산이 부르는 수를 순간적으로 '듣고' 계산하는 방법이라면, **플래시 암산**은 순간적으로 '보고' 계산하는 방법이다. 따라서 이 또한 아이들의 집중력 향상에 크게 도움되는 종목이며 off-line에서 학습한 내용을 on-line으로 연습할 수 있는 좋은 프로그램이다.

선수들 전체가 똑같은 속도로 똑같이 보고 답을 내기 때문에 속도의 우열을 가릴 수 없다는 단점이 있는 듯하나, 대회에서 등위(等位)를 가릴 때는 '리그'전(戰)'을 하듯이 점점 더 많은 단위와 빠른 속도로, 선수층을 좁혀 가면서 최종 등위를 가릴 수 있다.

⑥ 릴레이 암산

팀별 또는 국가별 대표 선수 3명 정도씩을 내세워 관객이 다 쳐다보고 비교할 수 있도록, 앞에 간단한 암산 문제(게시 승·제·가산)를 게시해 놓고, 대표 선수들이 교대해서(릴레이) 풀고 들어와, 3명 모두가 정답임을 전제로 하여 마지막 주자까지의 총 속도가 빠른 순위로서 우승팀을 겨루는 '릴레이' 게임이다.

이 종목은 아이들에게 곱셈을 어떻게 더 재미있게 익히게 할 방법이 없을까(?) 하고 연구 끝에, 어느 한 초등학교 선생님이 처음에 '곱셈 암산 릴레이 게임'을 제시한 것을 다른 종목에도 적용해서 발전시켰다.[16]

팀으로 나뉜 선수들이 '시작' 구호에 맞춰 칠판 앞으로 뛰어나가면, 칠판에는 숫자로 둘러싸인 동그란 원이 있고, 그 원안에 숫자가 하나 더 있다. 이때 가운데 숫자와 주변 숫자를 곱하여 원 밖에 답을 쓴 후, 재빨리 돌아와 다음 타자와 '배턴 터치'를 해야 한다.

---

16) 2018.2.1. news.kbs.co.kr

주어진 수를 먼저 다 계산하여 정답을 맞힌 팀이 승리하게 된다.

이는 아이들에게 흥미를 유발시킬 수 있는 유익한 학습 방법인데, 앞으로도 이와 같은 재미있는 새로운 프로그램들이 더 많이 나오면 하는 바람이다.

제5장

'수학 종목' 문제 풀이 길잡이
– 수학 관련 제(諸) 개념과 공식의 의미 이해 및 적용 –

1. 비(非)10진 항목의 계산 방법과 요령

2. '수학 종목' 문제 풀이 요령 핵심

1

'비10진(非10進) 항목'의 계산 방법과 요령
- 주판상의 여러(諸) 자릿점 동시 활용

지금까지 익힌 종목들은 전부 10진법으로 계산하였다.

　그러나 수학 학습에 관련된 수(數)의 단위 개념 중에는 시간·길이·무게·분수 등과 같이 10진법으로 계산할 수 없는 불규칙한 항목들이 많이 있어서 약간 어려운 문제이다.

　앞에서 언급했던 바와 같이 이러한 불규칙한 것들은 10진법을 무시하고, 주판상의 여러 자릿점을 동시에 활용해서 **非10진법**[17]으로 계산할 수밖에 없다. 非10진 항목들을 전문 용어로는 '불10진 제등수(不10進 諸等數)'라고 하나, 너무 어려운 표현이라서 이 책에서는 그냥 알기 쉽게 '비10진' 항목이라고 표현한다.

---

17) 〈주산 실무 지도서〉, 김선태 著, 149~156쪽 참조

(1) 시간 계산

　1년은 100일이 아니라 365일이고 1일은 24시간으로 불규칙하며, 1시간은 60분, 1분은 60초로서, 시·분·초는 60진법으로 계산하여야 한다.

　그래서 일단 주판상의 여러 자릿점을 활용하여 아래 그림과 같이 띄엄띄엄 마음속으로 년·일·시간·분·초라고 설정해 놓고, 365일·24시간·60분·60초를 넘으면 그 자리에서 그 기본 숫자를 빼주면서 그 왼쪽 단위에 1을 더해 나간다.

　초 미만 소수(0.1초, 0.01초 등)는 60초가 되어 분(分)으로 올라가기 전까지는 당연히 10진법으로 계산한다.
　만약 분이나 초 자리에서 뺄 수 없는 경우에는 그 왼쪽 자리에서 1을 빼주고(빌린 것이 아니라), 제자리에 60을 더해 준 후 빼기를 하면 될 것이다.

> 1시간= 60분
> 1분= 60초
> 1일= 24시간
> 1주일= 7일
> 1년= 365일

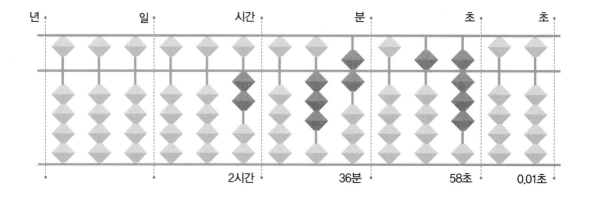

(2) 길이 계산

주판상의 자릿점에 km, m, cm, mm를 설정하고, cm는 mm의 십 자리가 된다.

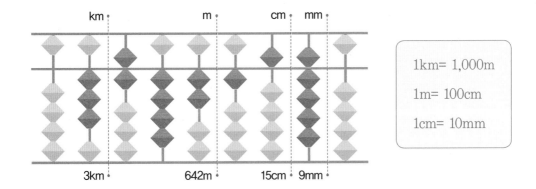

1km= 1,000m

1m= 100cm

1cm= 10mm

(3) 무게와 부피의 계산 및 개념 구분

주판상의 자릿점에 다음과 같이 kg, g, L, mL를 설정하고 계산하면 되며, 2가지 다 10진법으로 계산한다. 단, 무게 단위로 1근(斤)은 600g을 말하며, 근수(斤數)를 계산할 때에는 물론 비 10진법으로 계산하여야 한다.

그리고 1mL=1㎤이므로, 1L=1,000mL=1,000㎤이다.

1L= 1,000mL

1kg= 1,000g

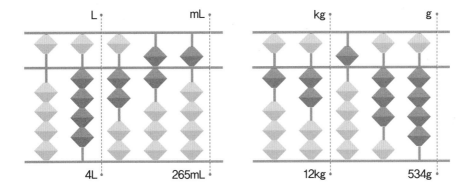

여기서 일반인들도 kg이 무게 단위라는 것은 잘 알고 있는데, L와는 어떤 차이인지 정확히 모르고 있는 사람들이 많다. 심지어 1L는 1kg과 같은 말 아니냐고.

물론 같은 경우도 있다. L(리터)는 부피를 나타내는 단위인데, 예(例)를 들어서 물 1L의 부피는 무게가 1kg인 물의 부피와 같기 때문에 1L는 1kg과 같다는 말이 나올 뿐이다.

하지만 같은 1L 통에 무게 0.7kg의 휘발유를 넣으면 그 휘발유의 부피는 1L이나, 무게로 말하자면 0.7kg밖에 안 된다. 즉, 무게는 물건에 따라 다르다.

(4) 분수(分數) 계산

분수란, '전체 얼마 중에서 그中 일부가 얼마냐?'를 나타내는 수의 표현방식이다. 표시하는 방법은, '－' 부호의 아래에 전체 얼마라는 숫자(분모)를 기입하고, 위에는 그중 일부가 얼마라는 숫자(분자)를 기입하며, '얼마 분지(또는 분의) 얼마'라고 읽는다.

보통은 '분자÷분모' 하면 1이 안되는 수를 표시하지만, 분자가 분모보다 더 커서 1 이상이 표시될 수도 있다. 예를 들어서 $\frac{3}{2}$도 분수이지만, 가능한 분수 표시를 간단히 하기 위하여 $1\frac{1}{2}$로 표시한다. 여기서 왼쪽 1은 3÷2=1.5에서의 소수점 왼쪽 정수(자연수)를 말하고 '1과 2분지(또는 2분의) 1'이라고 읽는다.

1) 주판상의 여러 자릿점을 이용하여 자연수(정수), 분모, 분자를 설정한다.

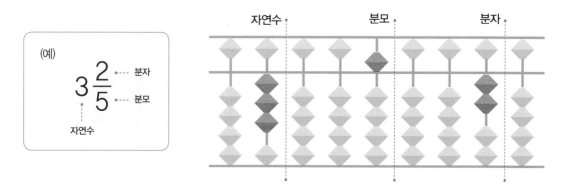

2) 분수의 덧셈 예

$$1\frac{1}{3} \ + \ 2\frac{1}{5} \ = \ 3\frac{8}{15}$$

(보기)

① 일단 자연수끼리 더해서
1+2=3을 놓는다.

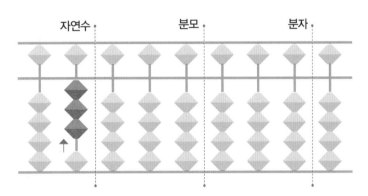

② 양쪽 분모끼리 곱해서 3
×5=15를 분모 자릿점
에 놓는다.
(공통분모: 15)

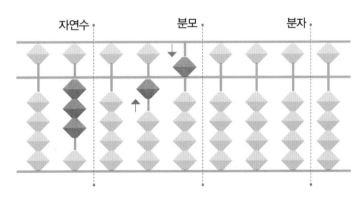

③ 첫째 분수의 분자 1과
둘째 분수의 분모 5를
곱하여 5를 일단 분자
자릿점에 놓는다.

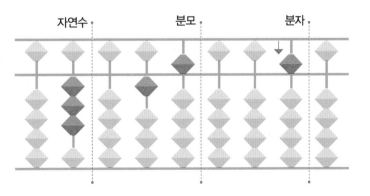

④ 둘째 분수의 분자 1과 첫째 분수의 분모 3을 곱하여, 3을 위 ③의 분자 자릿점에 놓여 있는 수(數) 5에 더한다.

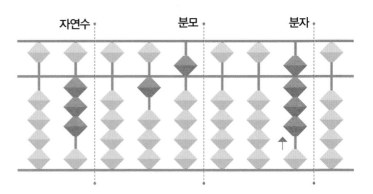

⑤ 그러면 분자의 수는 5+3=8이 되어, 답은 $3\frac{8}{15}$이 된다.

3) 분수의 뺄셈 예

(보기)
$$5\frac{2}{3} - 1\frac{1}{6} = 4\frac{1}{2}$$

① 일단 자연수끼리 빼기해서 5-1=4를 놓는다.

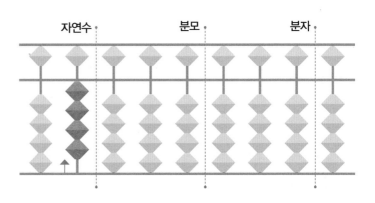

② 분모끼리 곱해서 3×
   6=18을 분모 자릿점에
   놓는다.

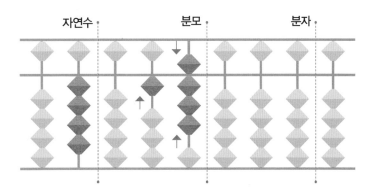

③ 첫째 분수의 분자 2와
   둘째 분수의 분모 6을
   곱하여 2×6=12를 먼저
   분자 자릿점에 놓는다.

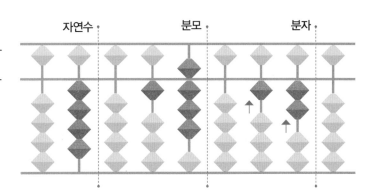

④ 둘째 분수의 분자 1과
   첫째 분수의 분모 3을
   곱하여, 1×3=3을 이번
   에는 분자 자릿점에서
   빼 준다.

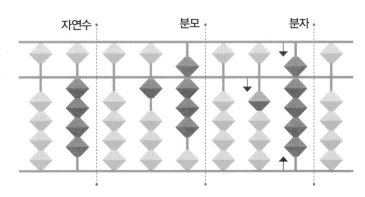

⑤ 그러면 답은 4과 18분
   의 9이나, 분모와 분자
   의 최대 공약수는 9이
   므로 약분하면, 최종 답
   은 4과 2분의 1이 된다.

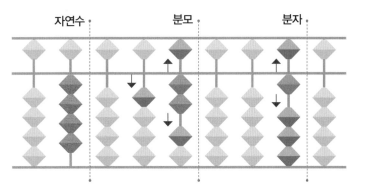

(5) 소수 및 백분율(%) 계산과 분수(分數)와의 관계

1) 소수와 백분율(%)

소수와 백분율(%) 문제는 일종의 통계적인 관점만 다를 뿐, 계산은 공히 10진법으로 하면 되고, <u>소수·%·분수의 3가지 값</u>은 다음과 같이 **계산 결과적으로는 같다.**

소수 0.333---이나 33.333---%처럼 끝맺을 수 없는 수는, 분수 $\frac{1}{3}$로 간단히 정리할 수 있다.

보통 자연수 또는 정수 1을 100%라고 바꿔 표현할 때, 그 근거는 1×100(%)=100%이다.

즉, (+1자리)+(+3자리)=+4자리에서부터 곱하니까 100%가 되는 것이다. 이러한 원리로 대소수이건 소수이건 소수를 %로 환산할 때에는 100을 곱하여 주면 된다.

퍼센트(%)는 한글로 '백불율'이라고도 한다. 백분율은 즉, 전체수량을 100이라고 할 때 그것에 대해 갖는 비율을 표시하는 방법으로 'Per'는 '~에 대하여'란 뜻이고, 'cent'는 라틴어로 100을 뜻한다.

2) 분수와 백분율(%)

분수도 소수로 환산(분자÷분모)하면 %로 나타낼 수 있다.

초등학생들이 수포자(수학 포기자)가 되느냐 안 되느냐는 3학년 때 분수(分數)학습을 할 때가 1차 분기점이라는 연구 결과[18]가 나와 있을 만큼, 분수 문제가 이해하기 어려운 모양이다.

자연수(정수) 1에 모자라서 1이 안 되는 수를 2가지 방법으로 표현할 수 있다고 하면 아주 쉽게 이해할 수 있다.

---

18) 동아일보 2019년 3월 25일 A16면, 조유라 기자

위에서 계산 결과적으로는 같다고 말하였듯이, 하나는 **소수로 표현하는 방법**이고, 다른 하나는 **분수로 표현하는 방법**일 뿐이다. 예를 들어 $\frac{4}{5}$는 분수로 표현하였지만, 그 실은 분자 나누기 분모, 즉 4÷5하니까 0.8이라는 '소수와도 같은 값'인 셈이 되고 이를 다시 %로 나타내면 0.8×100(%)=80%란 뜻이다.

(6) 확률, 비율, 비중, 배수(倍數)

이외에도 확률, 비율, 비중이라는 용어가 많이 쓰이는데 정확한 뜻은 다 다르지만, 수(數)의 개념에서는 모두 %로 나타내면 되고, 다만 배수(倍數)의 개념에서만 100%를 1배라고 이해하면 된다.

> **(예)** 정수 40=40×100(%)=4,000% (40배라고도 표현한다)
>
> 대소수 1.506=1.506×100(%)=150.6%
>
> 소수 0.0038=0.0038×100(%)=0.38%
>
> 분수 $\frac{4}{5}$=소수로는 (분자÷분모)이므로 0.8=80%

주의

소수 계산 후에 답을 적을 때는 '일'의 자리 뒤에 반드시 소수점(.)을 찍어야 한다.

(7) '퍼센트'(%)와 '퍼센트포인트'(%P)와의 구별

신문이나 방송 매체들의 경제·사회 분야 기사 등을 보면, 증가율·감소율 등의 비율이나 '퍼센트'·'퍼센트포인트'라는 용어를 자주 접하게 된다.

비율은, 비교하고자 하는 어떤 양(量)을, 다른 기준이 되는 수량에 대한 비(比)의 값으로 나타내는 것을 말한다. 즉, 비교할 양을, 기준량으로 나눈 값이다.

퍼센트(%)는, 두 개 혹은 그 이상의 숫자를 상대적 크기로 명확하게 표현하기 위하여 비율을 백분율로 나타내는 것이다. 말하자면 먼저 기준이 되는 양을 100으로 만들고, 다른 양을 100에 대한 비율의 숫자로 바꾸어 상대적 크기를 볼 수 있게 한 것이다.

그런데 통계적으로, 종종 '값 자체'에 관심이 있을 뿐만 아니라, 값이나 양의 '변화'가 관심의 대상이 되는 경우도 있다.

관심의 대상이 되는 값이 같은 기준의 퍼센트로 표시된 것일 때 이 퍼센트의 변화를 '**퍼센트포인트**'라고 하며, 퍼센트를 직접 비교할 때에 만약 그 기준이 같다면 보통의 수와 마찬가지로 **퍼센트는 서로 더하거나 뺄 수 있고, 이때 양(兩) 퍼센트 자체의 차이를 '퍼센트포인트(%P)'라고 한다.**

예(例)를 들어, 우리나라 기업 전체의 여성 관리자 비율이 2008년 12.5%에서 2018년도에 20.6%로 증가했다고 가정하면 다음과 같이 2가지 방법으로 표현할 수 있다.

① 여성 관리자 비율은 20.6%로, 10년 전보다 8.1%P 증가했다.
② 여성 관리자 비율은 지난 10년 동안 약 65% 증가했다.

① 의 경우는 양(兩) %의 차이(20.6%−12.5%=8.1%)를 구해서 %P로 나타낸 것이고,
② 의 경우는 증가된 8.1%P가 기준치인 2008년도의 12.5%보다 $\frac{8.1}{12.5} \times 100(\%)$=약 65% 증가되었다는 뜻이다.

이처럼 %와 %P의 수치는 고용 관계에서만이 아니고, 소비자 물가 변동, 주식 시세 변동, 인구 조사 결과 변동 등 여러 가지 일상생활에서 흔히 접하는 통계 수치이다.

2

'수학 종목' 문제 풀이의 요령 핵심

주산의 기능이 과거에는 주로 계산 기능이었다면, 현재는 필수 **수학 놀이 학습 도구**라는 인식이 더 부각되고 있다.

그리고 실제 각종 주산 대회나 단체의 명칭에도 최근에는 거의 '수학'이라는 용어를 포함하여 쓰고 있고, 주산 경기 '종목'으로 기초 수학이 필수가 되었음은 전술(前述)한 바와 같다.

수학 전문 교육 기업을 세운 유익상 '포갬교육' 대표이사는, '많은 학생들이 수학을 포기하는 것은 잘못된 수학 학습법 때문[19]'이라고 단언하면서 "대부분의 학생과 학부모가 문제를 많이 푸는 게 수학을 공부하는 것으로 생각하는데, 그러면 오히려 수학을 포기하게 될 가능성이 커진다"고 말한다.

단순히 문제만 반복해서 풀어서는 수학에 흥미가 떨어질 뿐만 아니라 '문제 풀이 방법을 외워야' 한다는 생각으로 이어져, 왜 수학을 공부해야 하는지 의문이 들 정도의 수동적인 공부 방법이 되어 버리기 때문이다.

그렇다면 수학은 어떻게 공부하는 것이 효과적일까?

---

19) 조선일보 2019년 9월 9일 C4면, 최예지 조선에듀 기자

유 대표이사는 개념과 공식의 의미 파악이 중요하다고 강조한다. 이 과정에서 공식이 탄생한 이유, 즉 공식의 도출 과정을 깨닫게 되는 즐거움을 얻을 수 있고, 문제 풀이는 개념을 적용한다는 생각으로 접근하면, 새로운 유형의 문제에 부딪혀도 풀이법을 고민하면서 오히려 흥미를 느끼게 되고, 고정적인 답안에서 벗어나 창의적인 문제 해결 능력이 길러지게 된다는 것이다.

위 내용을 요약 정리하여 결론을 말한다면,
① 수포자가 생기는 건, 주로 단순한 문제 풀이식 학습법 때문이다.
② 수학 공식은 단순 암기가 아닌, 의미부터 파악하고 연관된 개념과 도출 과정을 이해하여야 하며,
③ 그 익힌 개념과 공식을 문제에 적용함으로써 '재미를 붙여' 스스로 '창의적'으로 문제 해결 능력을 길러야 한다.

다만, 이 책에서는 지면(紙面) 관계상, 공식의 도출 과정에 대한 해설까지는 생략하되, 수학의 기초 공식 중 상식적이고 당연한 것들을 편하게 외우고 적용할 수 있도록 체계적으로 정리해 두었음을 밝혀 둔다.

◎ 최근의 '수학 종목' 문제 유형을 분석해 보면, 크게 4가지로 분류된다.
① 선택, ② 넣기, ③ 계산, ④ 응용문제

지금까지 주산으로 익힌 가감승제 계산 방법들을 실제 수학 문제 풀이에 얼마나 잘 적용하는가를 시험하는 종목이다.
초등학교 3학년 이상은 분수, 소수, 백분율(%), 확률 등과의 관계를 빠르게 풀 수 있어야 하고, 초등 2학년 이하 유치원 학생들은 문제에서 무엇을 요구하고 있는가의 뜻을 빨리 이해하면 쉽게 풀 수 있다.

(1) 필수 기본 공식 암기 요령

1) 등식(等式)과 방정식(方程式)의 개념 구별 및 관계

등식은 '같다'는 기호 '='의 왼쪽과 오른쪽 각각의 계산 수치가 같음을 표현하는 식(式)을 말한다. 예를 들어서, 25+8=42-9=33이다.

이에 대하여 방정식은, 식(式) 중의 어느 문자의 값에 따라 '참'이 되기도 하고 '거짓'이 되기도 하는 식(式)을 말한다.

예를 들어서, 10에 어떤 수를 더한 값이 13이라고 할 때 어떤 수(미지수)를 문자 x로 두고 式을 세우면, 10+x=13이라는 식으로 표현할 수 있다.

이 식에서 x=13-10=3이면 등식은 참이 되지만, 3이 아니면 등식은 거짓이 된다. 이런 식을 방정식이라고 하며, 이때 **x를 '미지수(모르는 수)'라 하고, 방정식을 세울 경우 '변수'라고도 한다.**

이처럼 방정식은 어떤 미지수를 포함하는 등식으로서, 이미 알고 있는 값들을 가지고 미지수 값을 찾아내기 위하여 사용하는 式이다.

2) 아래의 기본 공식은 누구나 <u>필수적으로 무조건 암기</u>해 놔야 한다

> 등식(等式) 공식 1.

등식(=) 좌우(左右)의 양수(+)와 음수(-)는 항상 반대편으로 이항(移項)시킬 수 있으며, 이항되면서 무조건 음수(-)는 양수(+)로, 양수는 음수로 바뀐다.

예(例)를 들어서, A+B=C라면, A=C-B, A-C=-B와 같고,

A−B=C라면, A=C+B, A−C=+B와 같다.

A+B−C=D라면, A=D−B+C, A+B=D+C와 같고,

A−B+C=D라면, A=D+B−C, A−B=D−C와 같다.

이러한 등식(等式) 관계 공식 예(例)를 일일이 다 암기하라고 하면 어렵고 헷갈려서 **절대 불가능(不可能)**한바, 위 '등식 공식1'로 정의한 주황색 문장을 설명대로 이해만 잘해 두면 이와 비슷한 유형의 어떤 문제도 다 쉽고 정확하게 풀어낼 수 있다.

◆ 그리고 실제 등식에다 숫자를 대입(代入)해 넣어 보고 맞다는 것이 확인되면, 학생 들은 신기하고 감탄해서 문제를 더 재미 붙여서 많이 풀어 보려고 노력할 것이다.

등식(等式) 공식 2.

등식(=) 좌우(左右)의 승수(×)와 제수(÷)도 항상 반대편으로 이항시킬 수 있으며, 위 공식 1처럼 이항되면서 무조건 제수(÷)는 승수(×)로, 승수는 제수로 바뀐다.

예(例)를 들어서,

A×B=C라면, A=C÷B, B=C÷A와 같고,

(A×B)÷C=D라면, A×B=D×C와 같다. 그러므로 A=(D×C)÷B 등등

숫자로만 이루어진 항(項)의 혼합 계산법

예(例)를 들어서 숫자로만 이루어진 '6÷2(1+2)=?'라는 문제가 있다면, 계산 순서에 따라서 답이 1 또는 9, 두 가지로 나올 수 있고 두 가지가 다 정답이다. 왜냐하면, 결론부 터 말하면 곱하기 기호가 생략됨으로 인한 문제 자체의 오류 출제이기 때문이다.

그러므로 문제 자체에 곱하기 부호를 확실히 넣어서, 문제를 6÷2×(1+2)로 수정한다 면, 정답은 명확히 6÷2×3=3×3=9로서 한 가지이다.

※ 위와 같이 숫자로만 이루어진 혼합 계산법을 정리하면,

① 괄호 안의 계산이 우선이고,

② 곱셈과 나눗셈이 같이 있을 때는, 왼쪽 앞에서부터 순서대로 계산한다.

분수(分數) 계산 공식

① 분수·소수·%, 백분율, 확률은 계산 결과적으로는 실상 같은 개념이므로 혼합 문제가 나오면, 상황에 따라 계산하기 편리한 쪽으로 변형시킨다.

$\frac{1}{2}=0.5=50\%$이므로,

$\frac{1}{2}+0.5+50\%=0.5+0.5+0.5=1.5$ 또는 $1.5\times100(\%)=150\%$이다.

② 분수끼리+−할 때 양쪽 분모의 숫자가 다를 때는 **최소 공배수**를 적용해서 풀이한다.

$\frac{1}{2}+\frac{2}{5}=\frac{5}{10}+\frac{4}{10}=\frac{9}{10}$ 또는 0.9 또는 90%이다.

여기서 최소 공배수라 함은, 양쪽 분모의 배수 중에서 공통적이면서 가장 적은 배수를 말한다.

즉, 2의 배수는 2, 4, 6, 8, 10, 12, 14, …이고,

　　5의 배수는 5, 10, 15, 20,…으로서, 공(통)배수는 10이며,

공통적으로 가장 적은 최소 공배수 또한 10이 된다.

• 이처럼 분수끼리의+−는 분모를 최소 공배수로 같게 만든(공통분모, 줄여서 '통분'이라고 함) 다음에 분자끼리만+−한다.

최소 공배수를 주판으로 구하는 방법 (더하기 ⋯→ 곱셈 원리)

위에서의 2와 5의 최소 공배수를 구하기 위하여,

① 주판에 2와 5를 두 자릿점 정도의 사이를 두고 떨어져 놓는다.

② 큰 수를 초과할 때까지 작은 수에 같은 수를 더해 가면, 2+2+2=6과 5가 된다.

③ 6과 5중에 작은 수는 5이므로, 5+5=10이 되면서 작은 수는 다시 6이 된다.

④ 큰 수 10이 될 때까지 6에 처음 숫자 2를 더해 가면 6+2+2=10으로 좌우 같아진다. 이처럼 좌우 같아졌을 때 그 수가 최소 공배수가 된다.

정답: 10

3) 분수끼리 곱하기(×)할 때 양쪽 분모의 숫자가 서로 다를 때는, 양쪽 분자는 분자끼리, 분모는 분모끼리 곱하여 최대 공약수로 약분한다

$\frac{1}{2} \times \frac{2}{5} = \frac{2}{10} = \frac{1}{5}$ 또는 20%이다.

약수는, 어떤 수로 나누었을 때 나머지가 0인 수, 즉 어떤 수를 나누어서 나머지가 없이 떨어지게 하는 수이다.

즉, 2의 약수는 1, 2이고,

　　10의 약수는 1, 2, 5, 10으로서, **공(통)약수는** 2이며,

이 중에서 공통적으로 가장 큰 **최대 공약수도** 2이다.

> ┌───┐
> │ 최대 공약수를 주판으로 구하는 방법 (빼기 ⋯▸ 나눗셈의 원리) │
> └───┘

예를 들어서, 30과 12의 최대 공약수를 구하기 위하여,

① 주판에 30과 12를 두 자릿점 정도의 사이를 두고 떨어지게 놓고

② 큰 수에서 작은 수를 빼 나간다. 30-12=18,

③ 다시 또 큰 수 18에서 12를 빼면 18-12=6으로, 이번에는 오른쪽의 처음 12가 더 큰 수가 되므로, 12-6=6이 되면서 좌우 같아진다. 이와 같이 좌우 수가 같아졌을 때 그 수가 최대 공약수이다.

정답: 6

• 분모와 분자를 그들의 공약수로 나누는 것을 약분한다고 한다.

약분은, 분모와 분자를 같은 수로 나누어서, 분모가 가장 작은 분수를 만드는 것인데 그 목적은, 분수를 좀 더 간단한 분수로 나타내어 분수의 계산 과정을 간편하게 하기 위함이다.

4) **분수끼리 나누기(÷)할 때는, ÷오른쪽인 나눌 수(제수)의 분자를 분모로, 분모를 분자로 바꿔서 곱한다.** 이 경우에도 바뀐 분모의 숫자가 처음 나뉨수(피제수)와 서로 다를 때는 위 3)항과 같은 요령으로 분자는 분자끼리, 분모는 분모끼리 곱해서 최대 공약수로 약분한다.

$\frac{1}{2} \div \frac{2}{5} = \frac{1}{2} \times \frac{5}{2} = \frac{5}{4}$ 또는 1.25 또는 125%이다.

※ $\frac{5}{4}$에는 적용할 공약수나 최대 공약수가 없으므로 그대로 $\frac{5}{4}$이다.

어떤 수를 분수로÷할 때에 착각하기 쉬운 재미있는 문제

보기) 100의 반(半)을 $\frac{1}{2}$로 나누면 답은, ① 25 ② 100 中 어느 것?

$(100 \times \frac{1}{2}) \div \frac{1}{2} = 50 \times \frac{2}{1} = 100$이므로 답은 ②번이다.

이하 실제 수학 문제 풀이에 들어가되, 같은 유형의 해설을 반복할 수는 없으므로 답이 어렵거나 오답이 나올 때는, 정답이 나올 때까지 위 기본 공식들을 재차 복습하면서 그 이유를 찾아내야 한다. (각 문제의 수준은, 문항마다 끝에 유치원 수준은 '유', 초등학생은 '초1~6(학년)'으로 표시한다)

(2) 선택 문제 보기

다음 각 문항의 맞는 답 번호를 선택하세요.

문제 1) 포도 한 송이값은 88원이다. 포도 3송이 반은 얼마입니까? (유)

　　　① 300원

　　　② 264원

　　　③ 308원

　　　④ 240원

　　　답: ③

　　　'반'의 뜻은 $\frac{1}{2}$ 또는 0.5를 말한다. 문제에 그냥 3송이가 아니고 '3송이 반'이라고 했으므로, 1 송이 단가에다가 3.5를 곱해 주어야 할 것이다. 답은 88×3.5=308원이므로 ③번을 선택하면 된다.

문제 2) 32 → 36 → □ → 44 → 48, □에 들어갈 수는 어느 것입니까? (유)

　　　① 42

　　　② 39

　　　③ 46

　　　④ 40

　　　답: ④

　　　36과 44의 중간에 들어갈 숫자는 (36+44)÷2=40이므로 답은 ④번이다.

문제 3)   13( )9+2=6이라면, ( )에 들어갈 부호는 다음 어느 것입니까? (초1)

① +

② −

③ =

④ ×

답: ②

일단 부호를 모르는 수 ( )9를 놓고, 나머지 숫자를 이항(移項)시키면 ()9=6−13−2=−9이므로 답은 ②번이다.

문제 4)   다음에서 길이의 단위가 아닌 것을 고르시오. (초1)

① mm

② kg

③ cm

④ m

답: ②

kg은 무게를 나타내는 단위이므로 답은 ②번이다.

문제 5)   1kg 76g+24g=? (초2)

   ① 2kg

   ② 11g

   ③ 1kg 100g   또는 1,100g

   ④ 모두 아니다.

답: ③

무게 계산은 10진법으로 하면 되므로, 76g+24g=100g만 보태 주면 된다. 답은 ③번이다.

문제 6) $\frac{1}{4}$ 과 $\frac{3}{5}$ 은 무슨 분수입니까? (초2)

   ① 진분수

   ② 가분수

   ③ 대분수

답: ①

분자가 분모보다 클 때의 분수를 가분수라 하고, 적을 때는 진분수라고 한다. 그러므로 답은
①번이다.

문제 7) 다음에서 부피의 뜻은 무엇입니까? (초3)

    ① 평면의 크기

    ② 표면적

    ③ 공간의 크기

    ④ 무게

> 답: ③
> ①과 ②는 면적의 크기를 뜻하고, 부피는 ③번의 '공간의 크기'를 뜻한다.

문제 8) 55×1=55이다. 그러면 5555×0=? (초3)

    ① 55550

    ② 0

    ③ 5550

    ④ 5555

> 답: ②
> 가감산(+ −) 문제에서 0은 없는 것으로 생각하고 나머지만 계산하면 되나, 승제산(×÷)에서는 어느 수에 0으로 곱하거나 나누거나, 0을 어느 수로 나누거나 곱하면 답은 전체가 무조건 0이 된다. 따라서 답은 ②번이다.

문제 9) 분모가 같은 분수끼리 더하는 방법을 구한다면? (초3)

    ① 분자+분자

    ② 분자×분자, 분모×분모

    ③ 분자는 변하지 않고, 분모+분모

    ④ 분자+분자, 분모는 변하지 않는다.

> 답: ④
>
> 분모가 같다고 했으니까 분모는 변하지 않고 분자끼리만 더하면 되므로 답은 ④번이다.

문제 10) 혼합 계산 방법으로 옳은 것을 선택하시오. (초4)

    ① 어떻게 하든 상관없다.

    ② 소괄호에 상관없이 순서에 따라 계산한다.

    ③ 소괄호에 상관없이 ×÷를 한 후, +−를 한다.

    ④ 먼저 소괄호를 계산한 후,×÷를 계산하고, 그다음에+−를 계산한다.

> 답: ④
>
> 예(例)를 들어서,
>
> $60+(6×2÷3)-2=60+4-2=62$인데, 소괄호에 상관없이 순서대로 계산하면, $60+6×2÷3-2=42$로, 오답(誤答)이 나와 버린다. 그러므로 먼저 소괄호부터 계산한다는 ④번이 맞다.

문제 11) 자연수에서 진분수를 뺄 때, 자연수 1을 분수로 어떻게 바꿀 수 있습니까? (초4)

    ① 진분수의 분자와 다른 분수

    ② 진분수의 분자와 같은 분수

    ③ 진분수의 분모와 다른 분수

    ④ 진분수의 분모와 같은 분수

답: ④

분수끼리 +−할 때는 분모를 같게 해서 분자끼리만 +−해야 하고, 분자와 분모가 같으면 분자÷분모=항상 1이므로, 자연수 1을 분수로 바꿀 때는 ④번 답과 같이 '진분수의 분모와 같은 분수'여야 한다.

문제 12) 집에서 공원까지 아빠는 17분 30초, 엄마는 1,080초, 동생은 0.32시간 걸립니다. 가장 빠른 사람과 가장 느린 사람의 차이는 몇 분입니까? (초4)

    ① 2분

    ② 2.4분

    ③ 1.7분

    ④ 4분

답: ③

아빠 시간을 기준으로 비교하기 위하여, 엄마와 동생이 걸리는 시간을 일단 분으로 환산하여 본다. 엄마는 1,080초÷60초=18분, 동생은 0.32시간×60분=19.2분 걸리므로 동생이 가장 느리다는 것을 알 수 있다. 가장 빠른 아빠의 시간 17분 30초=17.5분이므로 차이를 구하면 19.2−17.5=③번의 1.7분이다.

문제 13) 같은 시각에 각 지역의 기온을 그래프로 나타낼 때 적당한 그래프는 어느 것입니까?
(초5)

① 꺾은선 그래프

② 막대 그래프

③ 둘 다 좋다.

답: ②
같은 지역의 다른 시각별 기온 변동(추이)을 나타낼 때는 꺾은 선 그래프가 좋겠지만, 같은 시각에 다른 지역의 기온을 비교할 때에는 ②번의 막대 그래프가 적당하다.

문제 14) 0.35를 백분율로 나타내면 어느 것입니까? (초5)

① 350%

② 35%

③ 0.35%

④ 3.5%

답: ②
자연수 1이 언제나 100%이니까 0.35는 ②번의 35%이다.

문제 15) 5시간 10분과 5.1시간 중 어느 시간이 더 긴 시간입니까? (초5)

    ① 서로 같다

    ② 5시간 10분

    ③ 5.1시간

    ④ 알 수 없다

> 답: ②
> 5.1시간의 소수 0.1시간을 분으로 환산하면, 1시간이 60분이니까 60분×0.1=6분이므로 ②번의 5시간 10분이 더 길다는 것을 알 수 있다.

문제 16) 직선상에 ABC 세 점이 있고, 순서대로 A는 $\frac{1}{4}$, C는 $\frac{1}{3}$ 을 나타내고 있다면, A와 C의 정중앙에 있는 B는 몇입니까? (초6)

    ① $\frac{5}{12}$

    ② $\frac{5}{24}$

    ③ $\frac{7}{24}$

    ④ $\frac{7}{12}$

> 답: ③
> 우선 공식을 만들면, $(\frac{1}{4}+\frac{1}{3})÷2=(\frac{3}{12}+\frac{4}{12})÷\frac{2}{1}=\frac{7}{12}×\frac{1}{2}$ 이므로 답은 ③번의 $\frac{7}{24}$ 임을 알 수 있다.

문제 17) A+(B−C)와 같은 식(式)은 어느 것입니까? (초6)

① A−B+C

② A−B−C

③ A+B+C

④ A+B−C

> 답: ④
>
> 앞의 등식 공식에서 설명한 바와 같이, 괄호를 풀면서 +(+B)는 그대로 +B가 되고, +(−C)는 −C가 되어 ④번이 정답이다.

문제 18) 직사각형 토지에 가로와 세로의 비가 5:3이고 세로가 24m이면 면적은? (초6)

① 530㎡

② 960㎡

③ 496㎡

④ 584㎡

> 이 문제는 풀이에 앞서 다음과 같은 비례(比例) 계산 공식(公式)을 암기해야 한다.
>
> **비례 계산 공식**
>
> a:b=c:d와 같은 비례 등식에서, 내항(內項)끼리 곱한 수는 외항(外項)끼리 곱한 수와 같다. 즉, b×c=a×d이다.
>
>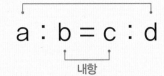
>
> 답: ②
>
> 일반적으로 수학에서 모르는 수는 x로 놓고 재빨리 공식을 만들어서 x를 구해야 한다. 이 문제에서는 가로의 길이만 알면 직사각형 면적은 '가로 길이×세로 길이'인데 5:3=x:24라고 했으므로 3x=24×5=120, 그러므로 x=120÷3=40, 면적은 40×24=960m²로, 답은 ②번이다.

(3) 넣기 문제 보기

문제 1) 8, 5, 12, 17중에서 홀수는 _____, _____이다. (유)

답: 5, 17
수(數)가 많고 적음에 상관없이 끝 숫자가 0, 2, 4, 6, 8이면 짝수이고, 끝 숫자가 1, 3, 5, 7, 9이면 홀수이다. 그러므로 답은 5, 17이다.

문제 2) 삼백칠을 숫자로 나타내시오. (초1)

답: 307
삼백과 칠 사이에 10단위가 없으므로 0을 넣어서 307로 나타내야 한다.

문제 3) 공은 어떤 방향에서 보아도 _____ 모양이다. (초1)

답: '동그라미' 또는 '원'이라고 넣으면 된다.

문제 4) 다음 밑줄 친 곳에 +또는 −기호를 넣으시오. (초1)

  21 _____ 13=8

> 답: −
>
> 13 앞에 +를 붙이면=다음에 34가 되니까 답이 안 되고, −를 붙여야 8이 됨을 알 수 있다.
>
> 또는 수학적으로 풀면, 8−21=−13이므로, 13 앞에는 −가 되어야 함을 알 수 있다.

문제 5) $\dfrac{3}{7}$ 을 읽을 때는 _____ 라고 읽습니다. (초2)

> 답: 칠분의 삼
>
> 분수 읽을 때는 항상, '분모 숫자 분의(또는 분지) 분자 숫자'라고 읽는다. 그러므로 답은, '7분의(또는 7분지)3'이다.

문제 6) 415×0= _____ ÷723 (초2)

> 답: 0
>
> 가감산 문제에서 0이 들어 있으면, 그 부분만 숫자가 없는 것으로 생각하면 되는데, 어느 숫자에다 0을 곱하거나 0으로 나누면 답은 전체가 0이 되어 버린다. 또 0에다가 어느 숫자를 곱하거나 어느 숫자로 나누어도 답은 전체가 0이다.
>
> 따라서 밑줄 부분의 답은 0이고, 0이라고 적어야 한다.

문제 7) 다음 밑줄 빈칸에 >, <, = 중에서 알맞은 기호를 넣으시오. (초2)

$$\frac{1}{2} \quad\text{———}\quad \frac{1}{7}$$

답: 〉

분모가 다른 경우에 어느 분수의 값이 더 크고 작은지를 비교할 때에는, 분모를 같은 최대 공약수로 환산해 놓고 비교한다.

이 문제에서 최대 공약수는 14이니까 앞에 있는 것은 $\frac{7}{14}$, 뒤에 있는 것은 $\frac{2}{14}$로서, 앞에 있는 것이 더 크므로 답은 〉이다.

문제 8) 다음 밑줄 빈칸에 >, <, = 중에서 알맞은 기호를 넣으시오. (초3)

① 3kg 20g _____ 3,215g

② 0.5m _____ 50cm

③ 607초 _____ 6분 7초

답: ① 3kg 20g을 g로 환산하면 3,020g이므로 〈

② 1m=100cm이므로 0.5m×100cm=50cm, 따라서 =

③ 6분 7초를 초로 환산하면 367초밖에 안 되므로 〉

문제 9) 오전 공부를 09시 50분에 시작해서 11시 47분에 끝냈다면 공부를 _____시간
_____분 했는지 밑줄 빈칸에 써넣으시오. (초3)

> 답: 1시간 57분
>
> 11:47−09:50 하면 되는데, 시간 계산은 비(非)10진 계산 방법에 따라야 하므로, 시간과 분의
> 자릿점을 두 군데에 잡고, 바로 못 빼면 1시간 60분을 내리받아서 10:107분−09:50분 하니까
> 답은 1시간 57분이다. (제5장 1강 (1)번 시간 계산 참조)

문제 10) 다음 밑줄 빈칸에 알맞은 수를 써넣으시오. (초4)

$\frac{11}{10}, \frac{12}{11}, \frac{13}{12}$ 중 값이 가장 작은 분수는 _____이다.

> 답: $\frac{13}{12}$
>
> 분수의 크기 비교는 최대 공약수를 만들어 비교하면 빠르나, 이 문제의 경우는 분수가 3개인
> 데다가 숫자가 비슷비슷하여 얼른 비교하기가 어렵다. 따라서 일일이 나누기 한 값으로 비교
> 할 수밖에 없는데, 주산식 암산으로 하면 금방 답이 나온다.
>
> 즉, $\frac{11}{10}$=1.1, $\frac{12}{11}$=1.0909…, $\frac{13}{12}$=1.08333… 그러므로 가장 작은 분수는 $\frac{13}{12}$이다.

문제 11) 아래 수식(數式)의 답이 맞는 것끼리 이으시오. (초4)

① $700-a=350$ •   • ❶ $a=650÷50$

② $a×14 =700$ •   • ❷ $a=230+650$

③ $a+ 550=900$ •   • ❸ $a=700÷14$

④ $650÷a =50$ •   • ❹ $a=700-350$

⑤ $a-650 =230$ •   • ❺ $a=900-550$

> 답: ①-❹, ②-❸, ③-❺, ④-❶, ⑤-❷를 선으로 연결하면 된다.
> 등식 또는 방정식끼리의 연결은, 일일이 수치를 연산해서 맞는 것끼리 연결할 생각을 할 것이 아니라, 앞에서 정리해 두었던 기본 공식(제5장 2강 (1)번의 필수 기본 공식 1, 2)을 활용해서 같은 공식끼리 연결시키면 바로 답을 알 수 있다.
> 예를 들어, 왼쪽 ①번은 오른쪽 ④와 선으로 이으면 된다.

문제 12) 삼각형이 총 8개가 있는데 그중, 5개가 색칠되어 있다. 색칠된 부분은 전체의 몇%인지를 괄호 안에 백분율 숫자로 써넣으시오. (초5)

(   ) %

> 답: 62.5
> 8개 중의 5개이므로 $(5÷8)×100$(%)=62.5%인데, 괄호 밖에 %가 표시되어 있으므로 괄호 안에는 62.5만 넣으면 된다.

문제 13) 다음 밑줄 빈칸에 알맞은 수를 써 넣으시오. (초5)

① 25kg= _____ t(분수) = _____ t(소수)

② 64L= _____ kL(분수) = _____ kL(소수)

답: ① $\frac{1}{40}$ t(분수)=0.025t(소수), ② $\frac{8}{125}$ kL(분수)=0.064kL(소수)

우선 무게나 들이무게의 기본 단위만 알고 있으면 쉽게 풀 수 있다.

1t=1,000kg, 1kg=1,000g, 1kL=1,000L이므로

①번의 25kg은 분수로는 $\frac{25}{1,000}$t인데 약분하면 간단히 $\frac{1}{40}$t이고 소수로는 0.025t이다.

②번도 같은 요령으로 풀면, 분수는 $\frac{64}{1,000}=\frac{8}{125}$kL이고, 소수로는 0.064kL이다.

문제 14) 시속 5.4km=초속 _____ m이다.(초6)

답: 1.5

1km=1,000m이므로 5.4km=5,400m이고,

1시간은 60분, 1분은 60초이므로 1시간을 초로 환산하면

60×60=3,600초이다. 따라서 5,400m÷3,600초=초속 1.5m이다.

문제 15) 100g의 250%= _____ g이다. (초6)

답: 250

250%는 2.5배(倍) 또는 소수로 2.5이므로 100g×2.5 =250g이다.

(4) 계산 문제 보기

문제 1) 다음 빈칸에 알맞은 수를 써넣으시오. (유)

① $20 - h = 18$

② $h + 4 = 15$

③ $h - 13 = 6$

답: ① 2, ② 11, ③ 19

유치원 아이들에게 등식(等式)이나 방정식 풀이를 설명하는 것은 무리이고, ① 예를 들어 $3+7=h$은 답이 10처럼 눈에 뻔히 보이는 계산 문제는 바로 하되, ② 모르는 수(數)가 h이건 다른 기호이건 상관없이 앞에 ―가 붙으면 ⋯▶ 반대편으로 옮겨서(이항) +로 만들고, ③ 아라비아 숫자도 반대편으로 옮기면 무조건 +는 ―가 되고 ―는+로 바뀐다는 것을 말해 주고, ④ 각자 편리한 쪽으로 풀이 방식을 빨리 결정하도록 설명해 주면, 이해하기 쉽고 **산수 또는 수학이 재미있다고**, 더 많이 풀어 보려고 할 게 틀림없다.

그러면 간단하게, ①번은 $20-18=h$이니까 답은 2, ②번은 $h=15-4$이니까 답은 11, ③번은 $h=6+13$이니까 답은 19이다.

문제 2) 다음 밑줄 빈칸에 알맞은 수를 써넣으시오. (초1)

① $49+8-14 = $ _____

② $60-60+0 = $ _____

③ $39 \times 15 = $ _____

④ $585 \div 39 = $ _____

답: ① 43, ② 0(답이 0이라도 0이라고 적어야 한다) ③ 585, ④ 15

④번 문제는 ③번 답이 맞는지 검산 겸, 역산(逆算) 방법으로 문제 수(數)를 스스로 늘려 연습하는 효과를 보기 위함이다.

문제 3)   계산해서 다음 밑줄 빈칸에 알맞은 답을 쓰시오. (초1)

① $63-25-$ _____ $=18$

② $70-$ _____ $+23=31$

③ _____ $+28-34=52$

답: ① 20, ② 62, ③ 58

밑줄 빈칸의 모르는 수를 x라고 하면, ①번은 $63-25-18=x$이므로 $x=20$이다. (위 1번 문제 해설을 다시 참조하면 기호이건 숫자이건 반대편으로 이항시키면 +와 −부호가 바뀐다고 하였다) ②번도 마찬가지 방식으로 $70+23-31=x$이므로 $x=62$이다. ③번도 x를 구하기 위한 것이므로 x는 그대로 놓고 숫자들만 반대편으로 이항시켜, $x=52-28+34=58$이다.

문제 4)   계산해서 답을 구하시오. (초2)

① 갑$-5=8$이라고 할 때, 갑$\times$갑$=$ _____

② 을$\times 8=64$라고 할 때, $71+$을$=$ _____

답: ① 169, ② 79

우선 갑과 을 자체의 수치를 구하면 답은 바로 나온다.

①에서 갑$=8+5=13$이므로 갑$\times$갑$=13\times13=169$, ②에서 을$=64\div8=8$이므로 $71+$을$=71+8=79$이다. (곱하기와 나누기 부호도 반대편으로 이항시키면 $\times$부호는 $\div$부호로, $\div$부호는 $\times$부호로 바뀐다.)

문제 5) 다음 밑줄 빈칸에 알맞은 답을 구하시오. (초3)

    ① 258÷ _____ = 43×2

    ② 234÷5= _____ 나머지 _____

답: ① 3, ② 46 나머지 4

여기서 하나 더 꼭 외어 두어야 할 중요한 공식이 있다. 즉, =(등식 부호)의 왼쪽 분수의 분모와 오른쪽 분수의 분자를 곱한 수치는, 왼쪽 분자와 오른쪽 분모를 곱한 수치와 같다는 것이다. 이때 어느 한쪽만 분수인 경우에는 다른 한쪽도 분수로 만들어서 이 공식을 적용한다. 이 공식에 따라서,

①번 문제에서 밑줄 모르는 수를 x로 하고 등식을 다시 정리하면,

$258÷x=86÷1$ ⋯▶ $86×x=258×1$ ⋯▶ $x=258÷86=3$이다.

②번은 나누기(제산) 문제에서 나머지가 나올 경우, 특별히 소수(小數) 계산하라는 언급이 없을 때는 나머지 표시를 해 주어야 한다. 따라서 답은 '46 나머지 4'로 적어야 한다.

문제 6) 계산해서 빈칸에 알맞은 답을 쓰시오. (초3)

    ① 34×5+45×8= _____

    ② 6,636÷(66−36)= _____ (소수로 답하시오.)

답: ① 530, ② 221.2

수식 中에 괄호 표시 없이 ×÷부호가 있고 중간에 +−부호가 있을 때는, 괄호가 있다고 생각하고 ×÷셈을 먼저 한 다음에 +−한다.

다만, +−도 괄호로 묶여 있을 때는 그 괄호 안의 셈을 별도로 한다.

따라서 ①번은 (34×5)+(45×8)=170+360=530이 답이다. 만약에 이 공식을 무시하고 그냥 보이는 순서대로 계산하면 34×5=170이니까 170+45하면 215, 다시 215를 8로 나누면 '26 나머지 7'로 엉뚱한 답이 나와 버린다.

②번은 66−36이 괄호로 묶여 있으니까, 괄호 안의 빼기를 별도로 하면 6,636÷30=221.2이다. (여기서는 특별히 소수 표시를 하라고 언급되어 있다)

문제 7) 다음 분수 계산을 하시오. (초4)

① $8\dfrac{17}{23}(+)2\dfrac{43}{46}=$

② $3\dfrac{11}{14}(-)2\dfrac{2}{7}=$

③ $5\dfrac{19}{28}(-)x(-)4\dfrac{3}{7}=\dfrac{25}{56}$에서, $x=?$

답: ① $11\dfrac{31}{46}$, ② $1\dfrac{1}{2}$, ③ $\dfrac{45}{56}$

①번은 우선 자연수끼리 더해서 8+2=10이고, 분수 더하기를 하면, 분모 23과 46의 공약수이면서 최대 공약수는 46이므로 $\dfrac{34+43}{46}=\dfrac{77}{46}=1\dfrac{31}{46}$이 된다. 따라서 답은, 위 자연수 $10+1\dfrac{31}{46}=11\dfrac{31}{46}$이다. (주판으로 계산하는 방법은 제5장 1강 (5)항의 분수 계산 요령 참조)

②번은 위 요령으로 빼기 하면 된다.

즉, 우선 자연수끼리 빼기하면 3-2=1이고, 분수는 최대 공약수를 14로 하여 $\dfrac{11}{14}(-)\dfrac{4}{14}=\dfrac{7}{14}=\dfrac{1}{2}$이므로 답은 $1\dfrac{1}{2}$이다.

③번은 중간에 구하고자 하는 x가 (−)이어서 어렵게 보이지만, 앞에서 요약 설명했던 공식대로만 정리해 나가면 쉽게 풀린다. 즉, 등식을 다시 정리하면, $5\dfrac{19}{28}(-)4\dfrac{3}{7}(-)\dfrac{25}{56}=(+)x$가 된다.

(+)숫자는 앞의+부호 필요 없이 '그냥' 숫자나 마찬가지이므로, (+)x는 그냥 x로 나타내면 되고, 등식 좌우(左右) 항(項)의 일부를 이항(移項)시키면 +와 −는 −와 +로, ×와 ÷는 ÷와 ×로 바뀌나, 등식의 왼쪽 전체와 등식의 오른쪽 전체를 동시에 서로 바꿀 때(移項)에는 +−×÷ 부호는 전부 그대로이다.

그러므로 위 등식을 다시 계산하기 쉽게 x를 왼쪽으로 옮기고 분수 전체를 오른쪽으로 옮기면서 같은 공약수를 적용하여 정리하면, $x=5\dfrac{38}{56}(-)4\dfrac{24}{56}(-)\dfrac{25}{56}=\dfrac{56-11}{56}=\dfrac{45}{56}$이다.

문제 8) 다음을 계산하여 소수로 답하시오. (초5)

① $6.5\text{t}+7\dfrac{38}{100}\text{kg}=$ _____ kg

② $4\dfrac{1}{12}$시간+1.05분= _____ 초

③ 4분 30초÷(1분 15초×4)= _____ 분

답: ① 6,507.38, ② 14,763, ③ 0.9

①번 문제에서 요구하고 있는 답은 kg을 소수로 적는 것이므로 거기에 맞춰 식(式)을 정리하면, (6,500+7.38)=6,507.38kg이다.

② 1시간은 60분, 1분은 60초이므로 (48+1)시간×60분×60초÷12=14,700초이고, 1.05분 =1.05×60초=63초이므로 14,700+63=14,763초이다.

③번 문제에서 요구하는 답은 분을 소수로 답하라는 것이므로, (4분 30초=4.5분)÷(1분 15 초×4=1.25×4=5분)=4.5÷5=0.9분.

문제 9) 다음을 계산하시오. (초6)

① 어떤 수와 $2\dfrac{3}{4}$을 곱한 값은 $8\dfrac{1}{3}$이다. 어떤 수 x는 _____ 이다.

② $(7.8\div2.5)\times(1.3\div0.5)=$ _____

③ $b\div3\dfrac{3}{4}=2\dfrac{7}{8}$ 일 때 b는 _____ 이다.

답: ① $3\dfrac{1}{33}$, ② 8.112, ③ $10\dfrac{25}{32}$

일단 문제에서 구하고자 하는 값에 대한 식(式)을 재빨리 만들고, 지금까지 암기해 놓은 기본 공식들을 적용하면 무슨 문제이든 쉽게 보이고 또 쉽게 풀 수 있다.

① 어떤 수 $x\times2\dfrac{3}{4}=8\dfrac{1}{3}$이라 하였다.

×와 ÷는 좌우 이항시킬 때 ÷와 ×로 바뀐다고 하였으므로 $x=8\dfrac{1}{3}\div2\dfrac{3}{4}=\dfrac{25}{3}\div\dfrac{11}{4}=\dfrac{25}{3}\times\dfrac{4}{11}=\dfrac{100}{33}=3\dfrac{1}{33}$이다.

② $(7.8\div2.5)\times(1.3\div0.5)=3.12\times2.6=8.112$

③ $b\div3\dfrac{3}{4}=2\dfrac{7}{8}$일 때 b를 구하기 위하여 식을 정리하면, $b=2\dfrac{7}{8}\times3\dfrac{3}{4}=\dfrac{23}{8}\times\dfrac{15}{4}=\dfrac{345}{32}=10\dfrac{25}{32}$ 이다.

(5) 응용문제 보기

문제 1) 바나나 5개를 먹고 6개가 남았다면 원래 _____ 개가 있었다. (유)

> 답: 11
>
> 5개를 먹어서 없앴는데도 6개가 남았으니 원래 있었던 것은 5+6=11개이다.

문제 2) 6:00에서 시 바늘(**시침(時針)**)이 반 바퀴 더 가면 몇 시입니까? (초1)

> 답: 12시 또는 12:00
>
> 시침이 한 바퀴 돌면 12시간이 걸리니까 반 바퀴는 6시간 걸린다.
>
> 그냥 6시부터라고 했으니까 오전이든 오후 시간이든 관계없이 6+6=12시이다. 답안지에는 12시 또는 12:00라고 적으면 된다.

문제 3) 노란 모자는 흰 모자보다 20원 비싸고, 흰 모자는 40원이다. 노란 모자와 흰 모자를 각각 하나씩 산다면 모두 얼마가 필요합니까? (초1)

> 답: 100원
>
> 흰 모자가 40원인데 노란 모자는 그보다 20원 더 비싸다고 했으니까 노란 모자는 60원인 셈이다. 그러므로 60+40=100원이 필요하다. (답안지에는 '100원'이라고만 적으면 된다)

문제 4) 7월과 8월을 더하면 몇 주 며칠입니까? (초2)

> 답: 8주 6일
>
> 7월과 8월은 31일까지 있는 큰 달이다. 더하거나 2로 곱하면 일수(日數)는 62일이고, 1주는 7일간이므로 62÷7=8주 하고 6일이 남는다. 그러므로 답은 '8주 6일'이다.

문제 5) 12개의 유리 그릇 가격은 624원이고, 10개의 플라스틱 접시가 330원이다. 1개의 유리 그릇은 1개의 플라스틱 접시보다 얼마나 더 비싼가요? (초2)

답: 19원

우선 각각의 단가(하나의 가격)를 구한 다음에 차액을 구하면 된다.

유리 그릇은 624÷12=@52원, 플라스틱 접시는 330÷10=@33원이므로, 유리 그릇이 52-33=@19원 비싼 것을 알 수 있다.

문제(6) 3단으로 된 서랍장이 있다. 서랍의 총 부피는 54,000㎤이다. 한 단에 종이 상자가 15개 들어갔다. 종이 상자 1개의 부피를 구하시오.(초3)

답: 1,200㎤

서랍장이 한 단에 종이 상자가 15개씩 3단으로 되어 있으므로 종이 상자 총 개수는 3×15=45개인데, 서랍의 총 부피가 54,000㎤라고 했으므로 종이 상자 1개의 부피는, 54,000÷45=1,200㎤이다.

문제 7) 촛불 하나의 길이가 0.1m이다. 촛불을 켜면 1분에 1cm씩 짧아진다. 10개의 촛불을 동시에 2분 동안 켰다면 남은 촛불의 길이를 모두 합한 값은 얼마입니까? (초3)

답: 80cm
촛불 하나의 길이는 0.1m=10cm인데 촛불을 켜면 1분에 1cm씩 짧아지고 10개를 2분 동안 동시에 켰다고 했으므로, 촛불 하나당 남은 길이는 8cm×10개=총 80cm이다.

문제 8) 영희의 한 걸음은 60cm를 가고, 은지의 한 걸음은 65cm이다. 두 사람이 동시에 같은 곳을 향해 걸었을 때, 두 사람의 거리 차이가 1m 되는 것은 몇 걸음 걸었을 때입니까? (초4)

답: 20걸음(보)
1m=100cm이므로 100cm를 두 사람의 거리 차이 65-60=5cm로 나누면 20걸음(보)이다.

문제 9) 아버지의 나이는 형 나이의 3배, 형 나이는 동생 나이의 2배이다. 아버지의 나이는 동생 나이의 몇 배입니까? (초4)

> 답: 6배
> 간단히 생각해서, 아버지 나이는 동생 나이의 2배인 형 나이의 3배이므로 3×2=6배이다.

문제 10) (갑÷7)×(을÷7)=1일 때 갑×을=＿＿＿＿＿＿ ?(초5)

> 답: 49
> (갑÷7)×(을÷7)=(갑×을)÷49=1÷1이라고 했으므로 답은 그대로 49이다.

문제 11) 형은 인터넷을 1주일 동안 14시간 42분 하였다. 형은 인터넷을 하루 평균 몇 시간 하였는가? (초5)

답: 2.1시간 또는 2시간 6분

7일로 나누려면 14시간 42분을 일단 소수로 계산하는 것이 편리하겠다는 것을 금방 파악할 수 있어야 한다. 42분=42÷60=0.7이므로 답은 질문대로 14.7시간÷7일='2.1시간'으로 적어도 되고, 0.1시간은 60×0.1=6분이므로 '2시간 6분'으로 적어도 된다.

문제 12) 은지가 연필 공장의 품질을 검사하는데 100다스마다 3자루의 불량품이 발견된다면 불량품일 확률은 얼마입니까? (1다스=12자루) (초6)

답: 0.25%

이 경우는 '분모와 분자의 단위를 같게 해 주어야' 확률 계산을 할 수 있기 때문에, 3÷100다스×@12자루×100(%)=0.25%이다.

문제 13) 철수가 시험을 본 6과목의 평균이 95점인데, 만약 수학을 계산하지 않으면 5과목 평균이 94점이 된다. 수학은 몇 점입니까? (초6)

답: 100

6과목 총 점수-5과목 총 점수 하면, (95×6=570)-(94×5=470)=100점이다.

문제 14) 3만 원짜리 상품을 A 가게에서는 처음부터 20% 다 할인해서 판매하고, B 가게에선 먼저 10%만 할인해주고 난 다음에 추가로 10%를 더 할인해서 판매한다고 하면, 어느 가게에서 사는 게 더 저렴(이득)할까요? (초3)

① 어느 경우나 합하여 20% 할인받으므로, 어느 가게에서 사든 결과는 같다.

② A 가게에서 사는 게 더 이득이다.

③ B 가게에서 사는 게 더 이득이다.

답: ②

A 가게에서 구매할 때에는 30,000-(30,000x20%)=24,000원만 주고 살 수 있으나, B 가게에서 구매할 때에는 먼저 30,000-(30,000x10%)=27,000원을 지급한 다음에 27,000x10%=2,700원을 추가로 할인받게 되어, 실제 지급한 돈은 27,000-2,700=24,300원이므로, A 가게에서 구매하는 것이 300원 더 저렴함(이득)을 알 수 있다.

제6장

주산의 미래와 향후 추진 과제

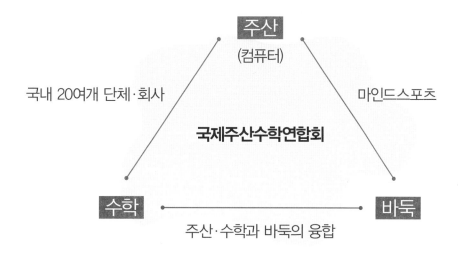

1. 서언(序言) – 내 인생(人生)의 지도(地圖)

2. 전자 교재 학습(문제를 스스로 제작해서 연습하기) → '글로벌' 온라인 급수 시험 시행

3. 주산 역사박물관의 확대 발전

4. 주산·수학·바둑의 삼각관계 및 융합 발전

5. 창의력 계발을 위한 '퍼즐' 게임 프로그램 활용

6. 국제 장애인 기능 올림픽 대회 정식 종목으로 '주산' 종목 추가(문체부)

7. 대한 상공 회의소 급수 시험 부활 과제

1

서 언(序 言)
- 내 인생(人生)의 지도(地圖)

필자는 어려서부터 뭐든지 머리 쓰는 쪽으로는, 마음먹고 열심히만 하면 다 성취되다시피 했던 행운아(笑)이었던 것 같다. 주산 특기는 물론이고, 그 뒤 일류 대학과 대학원 석사 학위까지 일사천리로 마친 데다 직장은 당시 일류(一流)급이었던 은행과 상장(上場) 대기업을 거치면서 학력 경력이 누구한테도 뒤지지 않을 만큼 화려했었기 때문이다.

그리고 실제 '국제 주산왕'이란 타이틀을 획득하고 금의환향했던 1961년 12월(**벌교중학교 3학년**), 귀국해서 당시의 윤보선 대통령을 예방(禮訪)하고 고향에 내려갔는데 모교(母校)에서는 전교생을 모아 놓고 대대적인 환영 행사(**귀국 인사 뒤에 '카퍼레이드' 등**)를 해 주었다.

필자가 그 전교생이 도열한 운동장 연단에 서서 마이크를 잡고 귀국 인사말을 할 기회가 있었다.

"하늘은 스스로 돕는 자, 즉 스스로 노력하는 자를 돕는다고 하였습니다. 저는 이번 우승으로 노력하면 안 될 게 없다는 자신감을 갖게 된 것에 큰 보람을 느낍니다."라고 우승 소감을 당차게 외친 바 있었다. 그냥 그때의 분위기에 맞춰 어린 나이의 느낌 그대로를 피력했던 기억을, 지금도 이따금 떠올려 보면 자신이 대견스럽기까지 하다.

그런데 그렇듯 어려서부터 여러 주변 사람들로부터 선망의 대상이었던 내가 언제부터인가 나 자신도 모르게 점점 자만·허세·물질적 과욕의 몹쓸 늪에 빠져들었다.

누구나 한두 번쯤은 과거에 계획했던 일들의 실패로 실의와 좌절의 고통을 겪지 않았던 사람이 없었을 터이지만, 나도 한때 오만과 독선(獨善)으로 비롯된 사업 실패(**굳이 변명하자면 하필 IMF 외환 위기 시, 베트남에 투자 등**)로, 흔히 말하는 삶의 무게를 견디기 힘들었을 정도의 뼈저린 아픔을 겪은 바가 있었다.

그랬던 시절 언젠가 우연히, 지하철 승강장 벽에 액자로 걸려있는 성경학교의 「사랑의 편지」에서 '내 인생(人生)의 지도(地圖)'라는 제목의 평범한 글귀 하나가 눈에 띄면서 내 가슴에 실감나게 와 닿았고, 나는 한참 동안 가던 길을 멈추고 두 번 세 번을 다시 읽어 봤나 싶다.

요약하면, 등산을 즐기는 어느 한 등산객이 하루는 모르는 길을 지도책에만 의존하고 중간쯤 가다 보니, 갈림길에서 실제 가는 길이 지도책과는 전혀 다른 방향이라 어느 쪽으로 가야 할지 당황 끝에 주저앉아 버렸는데, 한참 후에 생각을 이렇게 고쳐먹고 다시 일어나서 걷기 시작했다는 내용이다.

'이제부터는 지도책(부모 형제·은사·선배 등의 가르침으로 연상)에만 의존할 것이 아니라, 내 인생의 지도를 내 스스로 그려 나가야지'라고.

우리나라에서 주산 붐이 한창이었던 1960~80년대에는 국내 주산 경기에서 한두 종목만이라도 입상 기록이 있는 선수이면 2류 3류급 선수라도 은행 취직이 보장되었고, 주산 부기 학원은 지금의 유명 입시(入試) 학원 이상으로 붐빌 정도이었다. 주산 학원만 차리고 운영하였다고 하면 수익도 커서 주변 선후배들이 학원을 차려 상당히 많은 재미를 보고 있었고, 어느 학원장님은 내게 "직접 강의할 필요도 없고 학원에 나타나지 않아도 좋으니, 강사로 활동하는 것처럼 이름만 내걸게 해 달라"는 부탁을 서슴지 않았다.

혹시 필자가 이런 시류(時流)에 편승될까 봐 염려되었는지 나를 키워 준 은사님이나 선배님들 몇 분이, "너는 명예가 중요하니, 어떠한 유혹이 있더라도 그런 상혼(商魂)에 휘둘려서 누구한테 돈에 팔리거나, 주산 학원 같은 것을 같이 하자고 하면 절대 응하지 말라"고 半 염려 半 충고를 해 주시는 것이었다.

그 당시 나는 고등학생이라 스스로 무엇을 판단하는 능력이나 시대 예측 같은 안목도 전연 없었거니와, 은사님 말씀이라면 무조건 100% 순종하던 시절이어서 그런 제의는 일언지하에 거절하였다.

우리나라가 본격적으로 자본주의 시대에 돌입하고 돈이나 물질이 중요해졌다고 해서, 그때 거절하였던 것을 후회한다거나 하는 말이 아니다. 나는 어려서부터 집안이 부유했거나 아주 궁핍하지도 않은 평범한 생활을 해서였는지 돈이란 것에는 전연 관심이 없었으며, 돈은 다다익선(多多益善)이라는 것을 '생각조차 하지 않았던 것'이 좀 후회스럽다는 뜻이다.

뒤늦게 돈은 좀 벌어 놔야 하겠다는 생각에, 사업 쪽으로 무리를 저지른 게 한두가지가 아니었는데, 사람이 돈을 쫓으면 실패한다는 말이 딱 맞는 말임을 내 스스로, 경험으로 실감하게 되었다. 나는 어리석게도 과거에 주산으로 얻은 자신감이 다른 분야에도 열심히 노력만 하면 다 적용될 것으로 생각하고, 자만·허세·과욕… 지금 생각하면 결과는 당연했다고 어이없어하고 있다.

내가 한때 자식들 대학 등록금까지 제때에 못 맞춰 힘들어하고 있을 때, 고등학교에 다니는 아들 녀석이 마음 불편하다는 표정으로 아버지 생신 선물이라면서 책 한 권을 사 들고 왔는데 펴 보니, 책 제목은 〈깨끗한 부자(김동호著)〉였고, 내용인즉 '…돈이라고 해서 모두 다 똑같은 돈이 아니고, 돈 하나하나에 정확한 분별력으로 주님의 뜻대로 돈을 바라보고 주어진 돈으로 최선을 다하는 삶을 산다면, 하나님은 반드시 그의 돈사용 능력을 신뢰하시고 더 큰돈을 그에게 맡기신다'는 놀라운 가르침의 말씀을 충격적으로 깨닫게 되면서 그때부터 신앙도 가지게 되었다.

인간은 일의 성패(成敗)를 떠나서 한번 해 보고 싶은 일은 꼭 저질러 보지 않고는 직성

(直性)이 안 풀리는 법이라고 자위(自慰)하기엔 너무 어처구니없이, 나는 그동안 불필요한 낭비를 너무 많이 했다는 것이 부끄럽기 짝이 없었다. 매사(每事) 노력한 만큼 다 성공하면 금상첨화(錦上添花)이겠지만, 모두 다 성공시키기는 불가능하기 때문에 누구나 희로애락(喜怒哀樂)을 겪지 않고 살아가는 사람은 없을 것이다.

사람은 꼭 성공자가 되기보다는, 실수했거나 잘못한 일을 반성하고 고쳐 나가면서 가치 있는 삶을 살도록 노력하는 것이 더 중요하다는 것을 절실히 깨닫게 되었다. 결과보다 노력하는 '과정'이 더 중요한 것이다.

그래서 나는 누군가의 말처럼 "시련은 있어도 실패는 없다"는 좌우명을 잊지 않고 늘 마음속에 새기면서 와신상담(臥薪嘗膽)하고 있던 차(次)에, 이 책 머리말 서두에 적시(摘示)했던 신문기사(5쪽)를 접하고, "아! 결국은 주산 보급 활동이 내가 가야 할 길(내 인생의 地圖)이구나(!)"하고 마음을 정리하게 되었다.

그리고 앞에서와 같은 삼각 구도(165쪽)의 통합을 수시 머릿속에 그리면서 주산 보급의 전 세계적인 '글로벌'사업화(事業化)를 추진하기로 마음먹게 되었다. 말이 쉽지, 글로벌 사업이란 게 간단한 문제가 아니란 걸 누구나 상식적으로 잘 알고 있다.

우선 사업성·수익성·안전성 등을 사전에 면밀히 검토해야 할 것임도 물론이지만, 글로벌이라면 당연히 온라인 사업 기반이 갖춰져야 할 것이고, 모든 자료를 몇 개 외국어로 번역이 바로바로 이뤄져야 할 것이다.

그러나 이 주산의 글로벌 사업은, 무엇보다도 주산이 이미 전 세계적으로 홍보가 되어 있는 상태이기 때문에, 온라인 경기대회와 급수 시험 등을 잘 치를 수 있는 '온라인 화상 소통' 기반 및 전자 교재 개발만 완성되면 여건이 다 갖춰진 셈이므로, 그리 어렵게 생각할 일도 아닐 것이다.

그래서 이 같은 큰 '프로젝트'의 첫 번째 목표로, 주산 관계자들은 물론 뜻을 같이해 줄 일반인(一般人)과도 다수(多數) 중지(衆智)를 모아야 한다는 생각에서 이 책을 펴게 되었다고 할 수 있다.

2

전자 교재 학습 (문제를 스스로 제작해서 연습하기)
⋯▶ 글로벌 온라인 급수 시험 시행

과거에 종이 교재나 연습 문제는 교사가 일일이 손으로 문제를 만들어 수동 '프린터'로 돌리거나 복사 배포하면 학생들은 시간상 한계가 있어, 새로운 문제가 나오기 전까지는 그걸 반복하여 연습할 수밖에 없었고, 같은 문제를 여러 번 반복 연습하다 보니 지루해서 더 연습하기 싫어지는 폐단이 많았다.

앞에서 지적하였다시피 각 종목마다 선수들이 틀리거나 놓치기 쉬운 문제들이 많은데, 이를 평소에 새로운 문제로 많이 연습해 놓지 않으면 대회장에서 당황하여 제한시간을 넘기거나 오답일 경우가 흔히 발생하였다. 그래서 이번에 디지털 시대에 맞춰 학생들이 게임 즐기듯이 스스로 다양한 문제를 만들어 연습할 수 있는 전자 교재를 전문가들이 개발 완료 중에 있다.

"지식은 오프라인으로 배우고, 온라인으로 다져라!"는 말을 되새겨 볼 필요가 있다. 그러잖아도 최근에 코로나 19로 인한 세계적인 바이러스 감염 위기 상황 속에서, 비대면(非對面) 온라인 학습이 필수적으로 중요해진 시점(時點)과도 맞아 떨어진다.

전자 교재를 기초부터 익히기 위한 설명서는 분량이 방대하여 별책(別冊)으로 발간하기로 하였으니 출간되면, 이를 참조하여 '온·오프라인'의 동시 학습을 쌓아 나아가길 권장하고 여기서는 생략한다.

3

주산 역사 박물관의 확대 발전

몇 년 전 전라북도 군산市에 국내 처음으로 '주산 역사 박물관'이 건립되었다는 소식을 접하고, 필자는 굉장히 고무적인 사건으로 감격해 마지않았다. 과거에 누구도 생각하지 못하였던 주산 역사 박물관 건립은 분명, 주산계 발전에 획기적인 전환점이 될 것으로 본다.

주산 보급 운동을 활발히 전개코자 2003년에 설립된 '(사)한국주산암산수학연맹'을 이끌고 계시고 '주산의 산(生)증인'이라고 존경받고 계시는 김일곤 회장께서, '한국나노주산암산협회'의 박광기 협회장과의 협력으로, 한국 주산의 역사를 되돌아볼 수 있는 '주산 역사 박물관'을 국내 처음으로 군산市에 건립하고, 평생 모은 주산 관련 자료 및 유물 5천여 점을 전시하였다.

이 박물관 건립 사업에 거금(巨金)을 투자하고 사업을 실질적으로 주도한 박광기 협회장은 자신을 '주산에 미친 사람'이라고 소개할 정도로 주산을 좋아하고 주산 암산 실력 또한 고단자(高段者)이시다.

김일곤 회장님의 제자이기도 한 박광기 협회장[20]은 "1960~80년대 세계 주산계를 주름잡았던 한국 주산의 옛 명성을 되찾아야지요. 주산이 컴퓨터에 밀리고 사람들의 기억에서조차 서서히 사라지고 있는 현실을 가만 보고 있을 수만은 없어 팔을 걷어붙였다"면서, "세상이 아무리 발전해도 주산은 절대 없어지지 않을 것입니다. 기억력과 집중력을 높이고 두뇌 계발을 하는 데에는 주산만큼 유익한 게 없거든요. 하지만 사람들은 눈에 안 보이면 잘 안 믿잖아요. 그래서 그 불신을 씻어 내기 위하여 주산 박물관을 설립한 것입니다"라고 힘주어 말씀하신다.

앞으로 후배 주산인들이 이 고귀한 뜻을 받들어 꾸준히 관심을 가지고 주산 역사박물관의 확대 발전을 위하여 다 같이 참여토록 노력하며 힘을 보태야 할 것이다.

---

20) 한국일보 2012년 8월 13일자 정민승 기자

4

주산·수학·바둑의 삼각관계 및 융합 발전

대중가요 中에는 가사(歌詞)의 의미가 간접 비유(比喩)적인 화법(話法)으로 아주 재미있게 표현되고, 곡(曲)도 절절히 가슴에 와 닿는 좋은 노래들이 많이 있다. 가수 '강진' 氏가 부른 '삼각관계' 제목의 노래도 그중의 하나라고 생각되는데, 이 노래에서 삼각관계의 뜻은 애정과 우정 사이의 절박한 선택의 갈림길(웃음)을 재미있게 노래로 표현한 것이지만, 필자가 이 항목에서 강조하고자 하는 것은, 주산·수학·바둑의 삼각관계는 상호 보완적이며, 3자(三者)가 융합될수록 다 같이 더 발전할 수 있는 금상첨화 격인 보완 관계라는 것이다.

(1) 초등 의무 교과목으로 최소 1주 2시간 주산 과목 배정 추진 (교육부)

주산과 수학과의 관계는 앞의 제2장 3강에서, 수학의 필수 놀이 학습 도구로서의 주산식 암산이 꼭 필요하다는 것을 강조하였다.

지난 2015년 9월에 교육부는 '**창의 융합형 인재**'[21] 양성을 목표로 「2015 개정 교육 과정」을 확정·발표하였다. 이는 문·이과 구분에 따른 지식 편식 현상을 개선하고 시대 및 사회적 요구에 부응하기 위한 창의 융합형 인재 양성을 하기 위함이다.

그 주요 내용으로는 문·이과 통합 교육 과정을 빠른 시일 내에 실시하고, 수학 부문에서 초등학교 1학년부터 고교 공통 과목까지 모든 학생들이 수학에 흥미와 자신감을 잃지 않도록 학습의 내용과 범위를 적정화하였다.

다음의 로드맵 표에서 보듯이 '수와 연산'은 초·중·고교 전체 수학 과정에 필수 영역으로 구성되어 있다. (교육부, 2015B)

〈표〉 초중고교 수학 과정 로드맵

초등학교	〈수학〉 수와 연산, 도형, 측정, 규칙성, 자료와 가능성
중학교	〈수학〉 수와 연산, 문자와 식, 함수, 기하, 확률과 통계
고등학교	〈수학〉 문자와 식, 기하, 수와 연산, 함수, 확률
	− 이하 생략 −

위 표에서 보듯이, '수와 연산' 영역은 초중고 학교 전체에 걸쳐 중요한 공통 필수 과목인데도 우리나라에서는 아직 주산이 따로 의무 교과목으로 채택이 안 되고 있다.

현재 초등학교의 80% 정도가 방과 후의 과외 과목으로 주산을 선택하고 있어 그나마 다행이기는 하지만, **교육부의 정식 교과목으로서 우선 초등학교에서만이라도 최소 1주 2시간 정도는 배정되어야 수학 학습에 도움이 될 것으로 본다.**

---

21) '창의 융합형 인재'는 인문학적 상상력, 과학 기술 창조력을 갖추고 바른 인성을 겸비하여 새로운 지식을 창조하고 다양한 지식을 융합하여 새로운 가치를 창출할 수 있는 사람이라고 정의한다. (교육부, 2015A)

◎ 초등학교 '방과 후 학교 제도'가 고마운 이유는 또 한 가지 있다.

과거에 상업계 중고등학교와 주산 학원, 금융 기관 등에서 주산 인기가 대단했을 당시에는 주판 생산 공장이 하도급 업체까지 포함하여 전국에 20여 개에 달하였으나, 계산기와 컴퓨터가 도입된 이후로 주판 공장은 거의 사라지다시피 하였다.

이러한 와중에 현재 유일하게 수공업으로 주판을 만들고 있는 곳이 광주광역시 우산동 주택가에 있는 '운주 주판'으로, 이곳 대표 '김춘열' 사장[22]은 그동안 50년 넘게 명맥을 이어 오다가 중간에 주문도 끊기고 운영이 안 되어 공장을 중단한 일도 있었는데, 방과 후 학교와 주산 학원이 다시 부활하면서 "예전 같지는 않지만, 주문이 끊어지지는 않는다"면서, "주판 기능이 계산뿐이라고 무시하던 사람들이 주판을 다시 찾고 있다는 사실만으로도 뿌듯하다"고 기뻐하신다.

※ 전 국민적으로 주산 보급이 확산되고 있는 **일본에서는**, 2015년부터 초등학교 3~4학년 교과목에 주산을 포함시켰고, 일반인들 사이에서도 '주산 3급 따기 운동'이 활발히 전개되고 있다.

얼마 전에 일본 TV 방송[23]에서는 신기하다는 듯이 **'디지털 시대에 아날로그 부활!'이라는 제목**으로 일본 초등학교 방과 후의 교과목으로 거의가 주산 암산을 선택하고 열심히 수업하고 있다는 장면을 내보내면서, 주산은 학생들의 창의력과 논리력을 향상시키고 두뇌 계발에 아주 좋은 학습 도구로서, 이로 인해 수학 실력이 많이 향상되었다고 평가하였다.

※ **프랑스에서는**, 교육부 방침으로 2018년 9월부터 초등 교육에 매일 15분씩 받아쓰기와 암산 교육[24]을 의무적으로 실시하고 있다.

---

22) 조선일보 2017년 1월 21일자 B3면, 김수경 기자.

23) 2019년 4월 6일 저녁 23시 연합뉴스TV

24) 2018년 4월 28일자 동아일보, A14면, 파리 = 손진석 특파원.

※ **대만에서는**, 최소한 주산 2급 이상의 자격증을 취득해야 공무원 임용시험 응시 자격을 부여[25]하고 있다.

(2) 주산과 바둑의 '스포츠' 종목化

1) 국제적인 '마인드 스포츠' 대회로의 발전 (문체부)

우리나라에서는 '예스(Yes)셈'이라는 민간 회사 주최로 '마인드 스포츠'대회라고 하여 바둑·체스·주산·퍼즐 등 4개 분야의 게임을 육체적 스포츠가 아닌, 일종의 정신적 '스포츠'로서 두뇌의 지혜를 겨루는 대회를 매년 개최하고 우의를 다지고 있다.

주산이 바둑이나 체스와 직접적으로 연관된 것은 아니지만, 다 같은 '두뇌 스포츠 게임' 종목으로서 향후 각광을 받을 것으로 전망된다.

'국제올림픽위원회(IOC)'는 마인드 스포츠를 아직 정식 스포츠 종목으로 인정하지 않고 있으나, 스포츠계(界)의 UN이라고 할 수 있는 '국제경기연맹총연합회'는 마인드 스포츠를 훌륭한 하나의 스포츠로 인정하고 있다.

대표적으로 '국제바둑연맹'은 이 연합회에 소속되어 있으며, 실제로 바둑과 체스는 아시안게임에서 2006년부터 정식 종목으로 채택돼 경기가 열리고 있다. 그러나 같은 마인드 종목인 '주산연합회'는 아직 소속조차 안 되고 있어 우선 이 과제부터 해결해야 한다. 먼

---

25) 「머리가 좋아지는 주산」, 한국주산단체협의회 회장 윤대림 著, 3쪽.

훗날 혹시 마인드 스포츠 종목이 정식 올림픽 종목으로까지 채택될 날이 온다면 주산과 바둑은 분명 우리나라에 아주 유망한 금메달 종목들이 될 것임이 확실하다.

필자는 어디에 이력서를 제출하거나 무슨 경력 사항 등을 적어야 할 일이 있을 때는 '취미'란에 망설이지 않고 바둑이라고 기입할 정도로 바둑을 좋아하고 즐긴다. 실력도 주변의 웬만한 일반인 아마추어한테는 지지 않을 정도 된다고나 할까?(웃음) 그러다 보니 나는 바둑 자체만 즐기는 게 아니고, 평소 바둑계의 발전과 동향에도 상당한 관심을 두고 있다.

위에서 언급한 바와 같이 주산계에서는 주산을 초등학교의 의무 교과목으로 배정하는 것을 오래전부터의 숙원 사업으로 여겨 왔는데, 최근에 바둑계의 동향도 바둑을 초등학교의 의무 교과목으로 배정받고자 섭외 활동이 활발한 것으로 알려져 있다.

주산과 바둑을 범(凡)국제적인 스포츠로 발전시키기 위해서는 국가(문체부)가 나서서 국내외 각종 스포츠 대회에 주산이 정식 종목으로 채택되도록 힘써 주어야 할 것이다.

2) 주산 챔피언 결정전 등 '프로'化 및 상금(賞金) 제도로의 발전

그런데 굳이 주산과 바둑의 인기도(人氣度)를 비교하자면 필자의 기억으로는, 1960~80년대에 주산'붐'이 극에 달하였다고 할 정도로 국가적인 열기가 고조되고 있었을 당시에, 바둑은 대중적인 아마추어적 재미와 인기는 있었지만, 공식적으로 큰 명예를 얻을 만한 계기는 없었던 것 같다.

그러다가 점차 국제적으로 '상금이 걸린' 각종 '타이틀'戰이 생기고 그 액수 또한 억(億) 단위로 커지면서, 많은 10대 나이의 어린 신진 영재 선수들이 국제무대에서 두각을 나타내게 되었다.

바둑은 실상 하나의 오락 게임에 불과한데도, 타이틀 하나 거머쥐면 상금이 어마어마해졌다. 주산 암산이라는 고도(高度)의 두뇌 경쟁에서 우승한 대가(對價)는 고작 「트로피」와 명예뿐이었는데, 단순한 오락 게임이나 스포츠·연예계의 몸값은 걸핏하면 10억대, 100억대이다. 어찌 보면 너무 황당하지만, 불공평 문제가 아닌, 일반 대중의 흥미와 흥보 위주의 시대적 흐름에서, 주는 쪽에서나 받는 사람에게나 그만한 이유가 있는 거라고 이해할 수밖에 없다.

그렇다면 주산도 지금 세계적으로 열기가 고조(高調)되고 있을 때, 예를 들어 "OOO杯 주산 암산 챔피언 결정전" 등… 제도적으로 상금제도를 발전시키면 상당한 '붐'을 일으킬 수 있지 않을까 생각된다. 문제는 재원(財源)이다. 재원은 천상 주산을 필요로 하는 기업체·기관·단체나 정부 차원의 후원에 의존할 수밖에 없어 안타까울 뿐이다.

이 과제는 결국 주산 보급의 저변 확대로 인한 전 국민적인 주산에 대한 관심과 필요성 여하에 달려 있다고 보며, 앞으로 어떤 수익 사업에서 어느 정도 기금이 모아지면 예를 들어 '주산 발전 진흥 기금' 등의 기구를 창설해서, 제도적으로 이 과제를 추진해 나아가야 할 것으로 생각한다.

(3) 주산·수학과 바둑의 융합 발전

바둑은 다양한 知的 능력을 要하는 게임으로서, 바둑 교육 또한 지적(知的) 발달에 큰 도움을 준다. 바둑 문제를 풀면서 보다 더 좋은 手를 찾기 위해 사고(思考)하는 과정은 지능을 개발시키는 좋은 훈련 방법의 하나임이 분명하기 때문이다.

필자는 지난 2016년 6월 30일 한국바둑학회 주최로 개최된 '수학과 바둑 교육에 대한 학술대회 겸 세미나'에 참석한 바 있었다.

수학과 바둑 교육은 일종의 '문제 해결 과정'을 체계적으로 가르친다는 공통적인 목표가 있으며, 그 문제 해결 과정에 주산 암산 또한 연산과 수읽기 등에서 매우 유사한 관계에 있음으로써, 주산 암산과 바둑 교육은 수학적 두뇌 발달에 매우 긍정적인 도움을 준다는 연구 결과가 나왔다.

5

창의력 계발을 위한 '퍼즐' 게임 프로그램 활용

전술한 창의 융합형 인재를 양성하기 위한 일환책으로, 최근에 교육법인 (주)한창에듀케이션 '한국창의성계발교육연구회'에서 '퍼즐 게임 프로그램'을 개발하여, 학생들이 즐겁게 게임을 하면서 어떤 분야이든 자기 자신의 능력으로 문제를 생각하고 해결하는 힘을 키워 주고 있다.[26]

(1) 퍼즐이란?

퍼즐이란 '풀면서 지적 만족을 얻도록 만든 놀이 학습'을 말하는데, 퍼즐은 일반적인 방법이나 공식이 없이 스스로 문제를 해결하고자 하는 인간의 심리에 의해 생긴 게임의 일종이다.

퍼즐은 일정한 논리적인 구조를 바탕으로 만들어졌고, 각 퍼즐의 논리적 구조를 완전하게 이해하지 못하면 그 퍼즐을 풀어낼 수 없다. 퍼즐을 풀어내기 위해서는 퍼즐을 구

---

26) 김선태, 박성호 著 〈창의 퍼즐 여행〉 교육법인 (주) 한창에듀케이션 한국창의성계발교육연구회

성하고 있는 각각의 요소들을 잘 관찰해서 구성의 특성과 구성 요소들의 상관관계를 논리적으로 파악했을 때 가능하다.

그래서 여러 가지 퍼즐을 풀어 가다 보면 문제 해결의 일반적인 과정에 익숙해지게 되는데, 그 과정이 우리가 삶을 살아가면서 풀어야 할 모든 문제의 해결 과정과 크게 차이가 없다. 퍼즐을 풀어 보는 것은 단순한 하나의 문제를 해결해 보는 경험이 아니라 모든 문제들이 일반적으로 가지고 있는 해결의 원리를 이해하고 익숙해져 가는 의미 있는 교육이 된다.

(2) 교육 효과와 장점

① **학습 동기 유발**: 창의성을 발휘할 전문 분야에 대한 학습 동기 유발.
② **심리 특성**: 호기심, 자신감, 민감성, 열정감 등의 심리 특성이 높아짐.
③ **사고력과 문제 해결능력 향상**: 논리적인 사고력과 문제 해결 능력이 향상됨.
④ **성취감 증대**: 스스로 사고하여 하나하나 해결해 나감에 따라 자아 성취감 증대.

(3) 교육 내용

① **수리 창의 퍼즐 예:** 논리적이고 수리적인 사고 능력 향상

스도쿠	사칙계산블록	가쿠로
• 각 가로줄과 세로줄에 1에서 6까지의 숫자를 넣는다. • 각 가로줄과 세로줄에 사용되는 숫자는 중복되어서는 안 된다. • 굵은 선으로 둘러싸인 칸에도 1에서 6까지의 숫자를 중복되지 않게 넣는다.	• 표의 각 칸에 1부터 4까지의 숫자를 하나씩 넣는다. • 모든 가로줄과 세로줄에는 1부터 4까지의 숫자가 한 번씩 들어간다. • 블록 속의 숫자는 굵은 선으로 둘러싸인 블록 안에 들어갈 숫자의 합, 차, 곱, 몫을 나타낸다.	• 각 대각선 위쪽의 수는 가로줄 빈칸의 수의 합을 나타낸다. • 각 대각선 아래의 수는 세로줄 빈칸의 수의 합을 나타낸다. • 같은 가로줄 또는 세로줄에는 같은 수를 중복해서 넣을 수 없다. • 빈칸에 넣을 수 있는 숫자는 1에서 9까지의 숫자다.

② **공간 지각 창의 퍼즐 예:** 입체적인 조형 능력과 시공간적 아이디어를 생산해 내는 능력 향상

땅을 나눠요	테트로미노 조립	정육면체 전개도 찾기
• 표(땅)를 모두 네모(직사각형) 모양의 블록으로 나눈다. • 각 칸에 쓰인 수는 블록 한 개에 포함된 칸 수를 나타낸다. • 모든 칸이 남김없이 다 나누어져야 한다. • 하나의 칸을 중복하여 사용할 수 없다.	• 오른쪽과 아래에 주어진 숫자는 그 줄에 색칠된 방의 개수를 나타낸다. • 규칙에 맞게 방을 찾아 색칠하면 테트로미노 모양이 된다. • 서로 다른 테트로미노 모양은 가로, 세로, 대각선 모두 서로 닿지 않아야 한다.	• 마주 보는 두 면 점 개수의 합은 모두 7개이다. • 같은 면을 두 번 사용할 수 없다. • 주어진 수만큼 전개도를 찾는다. 찾은 전개도를 굵은 선으로 그린다.

③ **문제 해결 창의 퍼즐 예**: 독창적이고 창의적인 문제 해결 능력 향상

화살표를 따라가요	사자를 피해라	문자정렬 1
• 1부터 25까지의 수가 한 칸에 하나씩 들어간다. • 화살표 방향은 바로 다음 수가 있는 방향을 떨어진 칸 수와 상관없이 가리키고 있다. • 1에서 시작하여 25까지의 수를 화살표의 방향에 따라 연결한다.	• 입구에서 출발하여 모든 방을 한 번씩만 지나서 출구로 통과해야 한다. • 선은 교차할 수 없다. • 사자가 있는 방은 통과할 수 없다. • 가로와 세로 방향으로만 갈 수 있으며, 대각선으로는 통과할 수 없다.	• 각 가로줄과 세로줄 칸에 A, B, C를 하나씩 써넣는다. • 문자가 들어가지 않는 칸은 X를 넣는다. • 표 주위의 문자는 그 줄에서 가장 앞에 들어가는 문자를 나타낸다.

※ 수업 진행은, 전 세계에서 개발된 수천여 종류의 퍼즐 中 창의성 계발에 도움이 되는 퍼즐을, 우리 실정에 맞게 구성한 교재(부록에 이 교재 표지 사진이 게재되어 있음)로 진행하고 있다.

'국제 기능 올림픽 대회'(일반인 대상) 및 '국제 장애인 기능 올림픽 대회'의 정식 종목으로 주산 종목 추가

– 장애인 재능 육성, 일자리 창출

4차 산업 혁명 시대를 맞아, 각종 분야에서 '로봇' 문화가 발전되고 장애인들의 일자리 창출을 위한 '표준 사업장 제도'가 활성화되고 있음에 따라 장애인들의 홀로서기가 증가되고는 있다.

또한 1995년부터 시작된 '장애인 특례 입학 제도'로, 중증 장애인들도 대학 교육을 받게 함으로써 장애인들의 학력이 높아지고 있고 이는 그만큼 전문 인력으로 양성되고 있다는 뜻인데, 우리가 심각하게 고민하여야 할 것은 청년 장애인들의 일자리 창출이다.

능력을 갖춘 장애인들을 국가 발전의 동력으로 삼아야 하는데, 아직도 장애인들을 복지 대상으로만 생각해서, 어떤 금전적인 혜택을 부여하는 것만으로 국가적인 지원을 다한 것으로 생각해 버리는 것은 前 근대적인 발상이라고 할 것이다. 사실 4차 산업에서 장애는 이제 큰 장벽이 되지 않는다. 장애인들에게 가장 큰 문제가 되었던 이동·접근성 등이 인공지능 기술로 해결되고 있기 때문이다. 특히 문화 기술 분야에서 신체 장애는 이제 큰 문제가 아니며, 중요한 것은 창의력[27]에 달려 있다.

---

27) 동아일보 2018년 5월 11일자 한국 장애 예술인 협회 방귀희 대표님의 생각

기업들도 이제는, 일반인보다 더 예민하게 'IT 감수성[28]'을 가진 장애인 청년들을 색안경이 아닌 현미경으로 보기 시작하고 있다.

★ 대회 명칭이 비슷한데,

1) 국제 기능 올림픽 대회는, 일반인 대상으로 총 50여 개 종목으로 2년마다 개최하고 있다. 우리나라는 1977년 제23회 대회에서 첫 종합 우승을 차지한 이래 지금까지 19차례나 종합 우승을 한 바 있고,

2) 국제 장애인 기능 올림픽 대회는, 장애인의 기능을 겨루는 국제 대회로서 1981년 세계 장애인의 해부터 시작하여 현재 총 40개의 종목(직업 기술 부문 33개 종목 등)으로 4년마다 개최되고 있다.

2010년 현재 전 세계 40개 국가의 국제장애인올림픽연합회가 주최하고 있고, 우리나라의 선수단은 한국장애인고용공단이 이끌고 있으며 7회 대회까지 5차례나 종합 순위 1위를 차지함으로써, 장애인 기능 올림픽 대회는 거의 매번 우리나라가 종합 우승을 차지해왔을 정도로 기술력이 뛰어나다는 것이 입증되고 있다.

우리나라 장애인 대상의 '주산' 지도는 대표적으로 국립서울맹학교의 방과 후 강사 '이우석' 선생님이 맡아 하고 계신다. 전국적으로는 현재 13개교에서 약 100여 명의 시각 장애인들이 주산 수업을 받고 있는데, 시각 장애인 用 점자(點字) 문제지와 점자 주판[29]도 따로 만들어져 활용되고 있어서, 일반 학생들과 어울려 개최되는 주산 대회에서 입상권에 들 정도로 우수한 성적을 올리고 있는 장애인들이 많다.

우리나라에는 약 250여만 명의 장애인이 있는데, 이들에 대한 배려는 턱없이 부족하다고 한다. '장애인 고용 의무제'에 따라 정부 및 지방 자치 단체, 공공 기관과 민간 기업도 상시 근로자의 일정 비율을 장애인으로 고용해야 하는데, 특히 시중은행의 경우에는 평

---

28) 동아일보 2018년 12월 13일자 신동진 기자
29) 국립 서울맹학교 방과 후 강사 이우석 선생님 제공

균 고용 비율이 의무 비율의 절반에도 못 미치고 있다는 통계[30]이다.

삼성전자가 '국내 숙련 기술인들의 축제'로 불리는 전국 기능 경기대회를 14년째 이상 연속 후원하고 있다. 삼성전자는 일반 기능 인력을 대상으로 한 후원 사업이긴 하지만, '제조업의 힘은 현장이고, 현장의 경쟁력은 기능 인력'이라는 경영 철학에 따라, 단순히 대회를 후원하는 것에 그치지 않고 우수 기능 인력 채용 및 육성에도 적극적으로 나서고 있다.[31]

필자가 장애인 재능 육성에 관심을 크게 가지고 있는 이유는, 앞으로 4차 산업과 AI 분야 등에서 특히 집중적으로 연구하고 창의력을 발휘할 것이 요구되는 '여건'이 일반인보다 오히려 장애인들에게 더 유리하다고 할 수 있는 만큼, 그들에게 앞에서 설명했던 여러 가지 주산式 암산의 이점(利點)을 접목시켜 주면 더 많은 파급 효과가 창출될 것으로 생각되는바, 국가가 위 두 가지 대회 등에서 정식 종목으로 '주산'을 추가시키도록 힘써 주면, 그로 인해 우수 기능인들이 더 많이 배출될 수 있는 분위기 조성 및 계기가 만들어질 것이라고 생각되기 때문이다.

발달 장애인을 위한 양질의 일자리 제공은 가장 중요한 장애인 복지이자 생계 대책으로서, 그들이 취업을 통해서 혼자만의 힘으로 일어서고 자신만의 자리를 찾을 수 있도록 자립을 돕는 일은, 바로 그들의 설 자리를 만들어 주는 일이 되기 때문이기도 하다.

---

30) 조선일보 2019년 4월 3일자 A33면, 정석윤 교수(농협 구미 교육원)
31) 동아일보 2020년 9월 16일자 A28면, 서동일 기자

7

대한상공회의소 급수 시험 부활 과제

필자가 제일 아쉽게 생각하고 있는 것은, 과거에 각종 주산 경기대회는 물론 급수 자격 검정 시험 등을 대한상공회의소가 주관하고 금융 기관들이 후원하여, 1960~80년 대까지만 해도 우리나라 주산 인식과 보급률이 상당히 높았었는데, 그 뒤 컴퓨터의 발달로 주산이 많이 사양화되더니, 현재는 민간 차원에서 일부 국제 교류가 조금 있을 뿐이고, 대회나 급수 시험은 소규모 민간단체들이 주관하여 시행하고 있는 정도에 불과하다는 것이다.

몇 년 전에 필자가 과거의 국제 대회 기록 등이 절실히 필요한 일이 있어서, 대한상공회의소에는 보관돼 있겠지 하고 방문한 적이 있었다.

"그런 대회가 있었습니까? 주산을 국제적으로요?"

담당 과장님이라는 분의 첫 마디가 이러하였으니, 주산이 그동안 얼마나 사양화되고 세간의 관심 밖이 되었는지 짐작할 수 있었고, 기록이란 것은 하나도 찾아볼 수가 없었다. 그래서 내가 약간 훈계조로 언성을 높였다.

"국제 대회를 직접 주관했고 우리나라 주산 보급 운동의 중추적 역할을 했던 상공회의소가, 대한민국을 빛냈던 국제 행사 기록을 하나도 보관하고 있지 않다니 말이 됩니까?"

"저희 문서 보존 기간이 10년인데 벌써 50여 년이 지난 일이라서…."

진실로 부끄럽고 죄송하다면서 머리를 긁적거린다.

"혹시 연세 드신 상사(上司)분한테 여쭤 보면, 보존될 만한 곳을 기억으로라도 찾아낼 수 있을 것 같은데요."

나의 간곡한 부탁에 이런 사람이 와 있다고 말씀드려 보고는 온 모양인 듯,

"그런 대회가 있었다는 것은 기억나신다는데… 그 당시 신문에 대서특필 기사가 많았을 테니, 차라리 국립중앙도서관 같은데 가서서 중앙 간행물을 신청해 찾아보시는 것이 빠를 것 같다고 하시는군요."

장본인이었던 나 자신부터 그동안 집을 몇 번 옮기면서 신경 써서 보관하지를 못하였으니 부끄러울 뿐, 더 이상 할 말이 없었다.

주산 보급을 위하여 시급한 과제는 우선 '오프라인'으로 대한상공회의소와 금융 기관을 움직이게 하는 게 필수적이고 빠른 길인데, 공공 기관을 움직인다는 게 결코 쉬운 일이 아니다. 공공 기관의 성격상 그들 스스로가 필요성을 느끼지 않는 한, 한 개인이나 회사 또는 단체의 요청만으로 쉽게 응해 줄 리가 만무하기 때문이다.

그래서 이 과제도 결국은 주산 보급의 전 국민적인 저변 확대가 선결된 후에라야 가능할 일이라고 말할 수밖에 없다.

| 맺는말 |

이상에서 피력한 향후 추진 과제는 상당 부분 정부 정책적인 과제를 내포하고 있어서, 앞으로 얼마나 실현가능하게 될지는 의문이다.

그러나 주산인들이 최소한 이 정도의 목표와 방향으로, 백지장 맞들듯이 힘을 합하고 노력한다면 언젠가는 하나씩 이루어질 수 있지 않을까 하고 기대해 보면서 허심탄회하게 적어 보았다.

누군가 '자서전을 쓰다 보면 진짜 자기가 앞으로 해야 할 일이 떠오른다'고 하였다. 이 책이 결코 자서전은 아니지만, 일부 회고담이 들어가다 보니, 필자도 앞으로 주산계의 발전을 위해 무엇을 어떻게 해 나가야 할지 결심이 정리되기 시작하였다.

바야흐로 4차 산업 혁명 시대를 맞아 향후 수학·과학도 인공지능으로 대체될 것이라는 전망이 나오고 있다. 복잡하고 어려운 문제는 머지않아 기계가 대신할 텐데 굳이 골치 아픈 교육이 필요하겠느냐는 강한 주장이다.

게다가 혹자는, 앞으로 모든 분야에서 '로봇-코봇[32])(Cobot. 인간과 로봇의 공존 협동 로봇) 시대가 본격적으로 도래되면 '인간 자체가 점점 필요 없게 되는 황당한 세상'도 상상해 볼 수 있다고 공공연히 피력하고 있다.

또한 UN의 세계 미래 보고서에 의하면, 앞으로 불과 30여 년 후인 2050년경에는 아버지 어머니도 없어진다[33])는 충격적인 보고서까지 내놓고 있는 상황이다.

하지만 막상 그러한 날들이 실제로 현실화되리라고는 상상하기조차 힘든 일이며 설령

---

32) 조선일보 2019년 4월 13일자 A1면, 이성훈 기자

33) http://m.blog.daum.net/jmu3345/2110

현실화되더라도 그때까지는 언제나 기본이 중요하다고 할 것인바, 오히려 거꾸로 수학·과학의 중요성이 더욱 부각되는 시대가 올 것이다. 왜냐하면, 창의적이고 비판적인 문제 해결 능력은 인간만이 추상적 개념을 이해하는 데에서 출발할 수밖에 없고, 특히 창의성은 인간이 그 개념들을 구조화하고 재배치하는 데에서 발현되기 때문이다.

인류의 역사에서 모든 창조와 진보는 수학과 과학의 끊임없는 상호 작용에 의해 시작되었다고 해도 과언이 아니며, AI 시대를 이끄는 것도 결국은 사람에 의해서이기 때문에 모든 분야에서 기술과 윤리를 갖춘 융복합형 인재가 반드시 필요하게 된 이유이다.

따라서 수학·과학의 필수 학습 도구인 '주산'도 디지털·AI의 발전과 병행하여 반드시 공생(共生)·공존(共存) 관계로 발전시켜야 할 것이고, 주산 학습의 전자 교재화는 물론, 더 욕심을 낸다면 주산식 암산 도구의 활용으로 학생들의 수학 과학에 대한 흥미를 유발시키기 위하여 'AI 기반의 놀이형 콘텐츠'로 주산을 공부하게 하는 것도 하나의 훌륭한 방법이 될 수 있다.

컴퓨터 게임을 통해 숫자와 사칙연산을 익히도록 하기 위하여 '태블릿 PC'를 이용한 게임 형식으로 공부하게 하면, 학생들의 수학에 대한 흥미와 자신감을 더 높여서 이른바 수포자(수학 포기자)의 양산도 막을 수 있을 것이다.

앞에서 우리나라 초·중·고생들의 평균 수포자 비율이 45%에 달한다느니, 특히 초등 3학년생들이 분수(分數)를 잘 이해하지 못하여 중고교 때는커녕 초등 3학년 때부터가 수포자의 분기점[34]이 되고 있다는 보도를 접하고, 필자는 너무나 이해가 되지 않았다.

그런데 더 큰 걱정은, 우리나라 중학생의 61%가 수학을 싫어한다[35]는 데에 있다. 국제교육성취도평가협회가 발표한 '2019 수학 과학 성취도 추이 변화 국제 비교 연구(TIMSS)'에서, 한국 초중등생들의 수학 성취도는 세계 1~3위권으로 최상위권이지만, 흥

---

34) 동아일보 2019년 4월 16일자 C4면, 에듀플러스 홍보 기사
35) 조선일보 2020년 12월 9일자 A12면, 곽수근 기자

미도는 매우 낮아서 최하위권으로 나타났다는 것이다.

교육계에서는 우리나라 학생들이 대학 입시 때문에 사교육을 많이 받아서 문제 풀이는 기계적으로 잘하지만, 자발적인 흥미를 가지지 못하다 보니 학년이 올라갈수록 이른바 수포자가 더 증가할 것으로 보고 있다.

수학 과목의 특성상 저학년 단계에서 기본 개념을 이해하지 못하거나 이해를 한번 놓치면 학년이 올라갈수록 진도를 따라가지 못하고 일찌감치 무너져 결국 흥미와 자신감 두 가지를 다 잃게 된다는 것이 전문가들의 진단이다. 이러한 현실을 직시(直視)하고, 이 책에서는 최대한 '주산식 암산과 수학 풀이'와의 연결 및 수학을 재미 붙여 잘하기 위한 주산式 암산의 비법과 요령에 주안점을 두고 이론을 전개하였다.

예(例)를 들어서,

① 승산 종목에서 3제곱셈 이상을 계산 중간에 주판을 털지 않고 한 번에 주산으로 계산하는 방법과, 제산 종목에서 제곱근 계산(개평산)과 3제곱근 계산(개립산)을 주산으로 하는 기술적인 방법 등을 제4장에서,

② 그리고 초등생들이 어렵게 느끼고 있다는 분수(分數) 계산법 등의 고난도(高難度) 수학 종목의 문제 풀이는 제5장에서 어느 정도 알기 쉽게 설명이 되었으리라고 본다.

③ 그러나 지면(紙面) 관계상 너무 이 책의 의도했던 범위를 벗어날 수는 없기에 더 다양하고 고차원적인 문제 풀이는, 앞으로 기회가 되는대로 보충 교재를 추가로 제작할 수밖에 없다는 생각이다.

마침 2017년도에 '국제주산수학연합회 총회' 주최로 대만에서 시행된, 국제 수학 심산(암산) 경기대회에서의 수학 종목 문제가 아주 다양한 분야에 걸쳐 골고루 출제되어 있어서, 특히 유·초등학생들이 이것만 찬찬히 다 풀어 보고 이해만 하여도 수학 실력 향상에 큰 도움이 될 것으로 생각되는바, 다음에 최근의 기출(旣出) 문제까지 더 입수되면

'기출 문제집'도 따로 만들어 보급할 생각이다.

여러 차례 언급하였지만, 특히 수학과 과학 과목은 기초부터 한 단계 한 단계 이해해 나가면서 재미를 붙여야 능률이 배가(倍加)되는 만큼, 아이들이 이 책으로 얼른 이해 못 하는 부분이 있으면 옆에서 학부모나 지도 교수님들이 필자보다 더 쉽고 재미있는 설명 방법을 연구하시어, 무엇보다 재미를 붙이도록 도와주었으면 한다.

아무쪼록 필자의 이 소고(小稿)가 주산계의 공통 목표 달성에 작으나마 기폭제가 되고, 학생들이 주산과 수학을 재미 붙여 더 잘하도록 불씨를 지피는 계기가 된다면 더할 나위 없는 보람으로 생각하겠다.

부록

부록 1. 참고 문헌 및 인용 자료

1) 〈주산 교육과 수학〉: 황창영 著

2) 〈주산 암산 실무 지도서〉: 동국 대학교 김선태 교수 著

3) 〈우리 아이! 계산력 100배 키우기〉: 주산 교육을 생각하는 대학 교수회 著 (이화여자 대학교 이영하 교수 감수)

4) 〈창의력 계발을 위한 창의 퍼즐 여행〉: 김선태·박성호 共著

5) 〈머리가 좋아지는 주산〉: 한국주산단체협의회 회장 윤대림 著

6) 〈호산 문제집〉: 알파 주산암산교육회장 성낙운 著

7) 〈주산 수리셈 교재〉: 김순집 대표이사 著

8) 〈서울 맹학교 장애인 점자(點字) 교재〉: (이우석 강사 제공)

9) 〈국제 수학 심산 경기대회 문제〉(2,017년도 대만에서 시행한 기출 문제)

10) 〈유대인 창의성의 비밀〉: 홍익희 著

11) 〈깨끗한 부자〉: 김동호 著

12) 한국 바둑학회 주최 수학과 바둑 교육 학술대회 세미나 자료

13) 주산 관련 홍보 간행물과 잡지 기타 신문기사 다수(多數)

※ 위 1~6까지의 문헌은 필자가 이 책에 특히 많이 인용한 저서들이므로, 독자들이 찾아보기 쉽도록 다음 페이지에 그 책들의 표지를 게재하여 둔다.

부록 2. '수학 종목' 기출(旣出) 문제와 정답 답안지

이는 2017년도 대만에서 시행된, '국제주산수학연합회 총회' 주최의 '국제 수학 심산 경기대회' 문제로서, 유치원 7세~초등학교 6학년까지 학년별로 다양한 분야를 다룬, 가(可)히 수학 종목의 샘플 문제라 해도 과언이 아닐 좋은 문제들이기에 이하(以下) 가감(加減) 없이 전부 게재한다.

기(旣)히 언급했던 바와 같이 향후 각종 주산 경기대회에서 주산 경기 종목의 하나로 '수학 종목'을 추가키로 한바, 앞의 제5장에서 기본 공식과 풀이 요령을 개괄적으로 다루기는 하였으나, 초등 3학년 이상은 상당히 고난도(高難度)의 문제들이 많은데 지면(紙面) 관계상 일일이 공식 도출 과정까지는 붙이지 못한 점이 아쉽다.

부족한 부분은 추후 특강 기회가 있으면 더 자세하게 설명토록 하겠고, 특정 분야에 대한 특강 형식의 보충 교재도 추가로 제작할 예정임을 양지하시기 바란다.

| 기출 문제 |

1. 다음을 선택하시오. (문항별 10점, 10문항 100점)

( )❶ [image] 과 같은 것은? (1) [image] (2) [image] (3) [image] (4) [image] 。

( )❷ [image] + ( ) = [image] , ( )에 들어갈 모양은? (1) [image] (2) [image] (3) [image] (4) [image] 。

( )❹ [image] = 와 같은 것은? (1) [image] (2) [image] (3) [image] (4) [image]

( )❸ [image] =는 몇 개입니까? (1) 7   (2) 8   (3) 9   (4) 10

( )❺ [image] + [image] = 는 모두 몇 개입니까? (1) 7   (2) 8   (3) 9   (4) 10

( )❻ [image] − [image] = 는 모두 몇 개입니까? (1) 7   (2) 5   (3) 9   (4) 4

( )❼ [image] [image] 의 다리는 모두 몇 개입니까? (1)14개   (2)12개   (3)6개   (4)4개

( )❽ (10원)(1원)(1원) − (10원)(1원) + (5원)(1원)(1원)을 계산하시오. (1) 7원   (2) 8원   (3) 6원   (4) 5원

( )❾ (1원)(1원)(1원)은 (10원)(5원)(1원)원 보다 몇 원이 적습니까? (1)11원   (2)18원   (3)13원   (4)19원

( )❿ 32→ 36 → ☐ → 44 →48, ☐에 들어갈 수는 어느 것입니까?
(1) 42   (2) 38   (3) 39   (4) 40

2. 물음에 답하시오. (문항별 10점, 10문항 100점)
(1) 더 많은 양에 √ 표 하시오.

(2) 가장 긴 것에 √ 표 하시오.

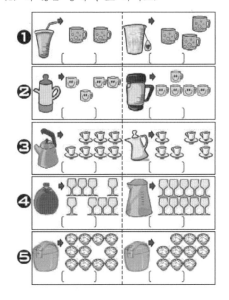

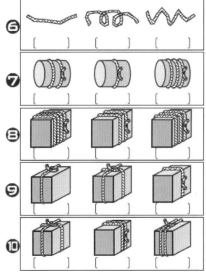

3. 빈칸에 알맞은 수를 써넣으시오. (문항별 10점, 10문항 100점)

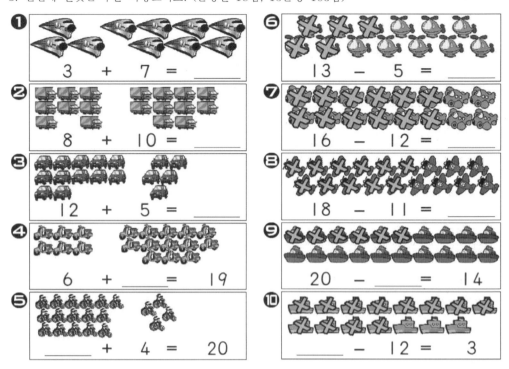

❶ 3 + 7 = _____

❻ 13 − 5 = _____

❷ 8 + 10 = _____

❼ 16 − 12 = _____

❸ 12 + 5 = _____

❽ 18 − 11 = _____

❹ 6 + _____ = 19

❾ 20 − _____ = 14

❺ _____ + 4 = 20

❿ _____ − 12 = 3

4. 알맞은 답을 구하시오. (문항별 10점, 10문항 100점)

(1) 다음 물건을 살 때 몇 개를 지불해야
   합니까?

(2) 20원으로 물건을 살 때 거스름돈을 얼마
   받아야 합니까?

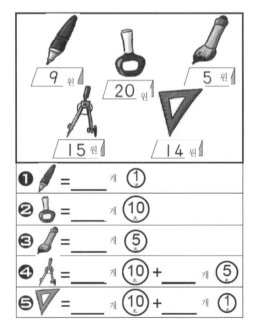

9 원   20 원   5 원

15 원   14 원

❶ = _____ 개 ①

❷ = _____ 개 ⑩

❸ = _____ 개 ⑤

❹ = _____ 개 ⑩ + _____ 개 ⑤

❺ = _____ 개 ⑩ + _____ 개 ①

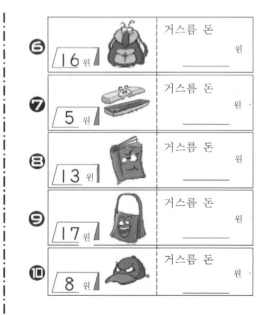

❻ 16 원   거스름 돈 _____ 원

❼ 5 원   거스름 돈 _____ 원

❽ 13 원   거스름 돈 _____ 원

❾ 17 원   거스름 돈 _____ 원

❿ 8 원   거스름 돈 _____ 원

영재 도전 문제(유치부 7세)

1. 다음을 선택하시오. (문항별 10점, 5문항 50점)

( )❶  + ( ) = 일 때 ( )안에 들어갈 모양은? (1) (2) (3) (4)

( )❷ 와 의 바퀴는 모두 몇 개인가? (1)10개 (2)8개 (3)12개 (4)14개

( )❸ 10원 10원 10원 5원 5원 5원 1원 1원 는 모두 얼마인가? (1)47원 (2)42원 (3)37원 (4)52원

( )❹ 51 → 45 → □ → 33, □안에 알맞은 수는? (1) 41 (2) 42 (3) 30 (4) 39

( )❺ 15+7 □ 11 = 11, □안에 알맞은 기호는? (1) + (2) - (3) = (4) ×

2. 나무토막은 모두 몇 개입니까?

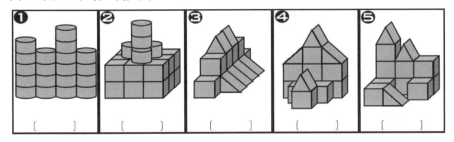

❶ [ ] ❷ [ ] ❸ [ ] ❹ [ ] ❺ [ ]

3. 빈칸에 알맞은 수를 써넣으시오. (문항별 10점, 5문항 50점)

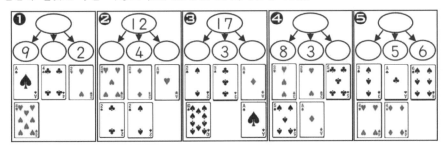

4. 빈 곳에 알맞은 답을 쓰시오. (문항별 10점, 5문항 50점)

(❶~❷) 규칙에 따라 □ 에 들어갈 것에 √ 표 하시오.

❶ □ , □=( ) ( ) ( )

❷ □ , □=( ) ( ) ( )

❸ 47, 34, 26, 13 중에서 짝수를 쓰시오. _____ , _____

❹ 12, 29, 38, 45 중 홀수를 쓰시오. _____ , _____

❺ 는 보다 다리가 몇 개 더 많습니까? _____ 개

2017년 국제수학심산경기대회(國際數學心算競賽大會)

이름(姓名) _____   유치부 7세(幼稚園大班)

수험번호(參加證號碼) _____

점수(총점200점)

2교시(第二節)
제한시간 3분

1. 다음을 선택하시오. (문항별 10점, 5문항 50점)

( )❶ + ( ) = , ( ) = (1) (2) (3) (4)

( )❷ ⑩⑩⑩⑤⑤⑤⑤①①① = (1) 48 (2) 43 (3) 53 (4) 58

( )❸ 23 → 21 → □ → 17, □=   (1) 22   (2) 21   (3) 20   (4) 19

( )❹ 11 □ 9 + 6 = 8, □=   (1) +   (2) −   (3) =   (4) ×

( )❺ 와 의 다리는 모두 몇 개인가? (1) 18   (2) 20   (3) 22   (4) 24

2. 오른쪽으로 돌린 후의 모형에 √ 표 하세요.

( ) (   )   (   ) (   )

❹ 18 → 23 → 28 → _____ → 38

❺ 10, 9, 17, 22 중에서 짝수는 ____, ____이다.

3. 빈칸에 알맞은 수를 써넣으시오. (문항별 10점, 5문항 50점)

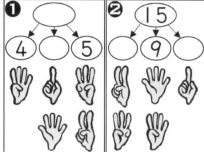 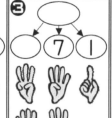 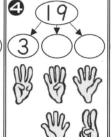 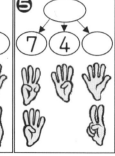

4. 알맞은 답을 구하시오.

❶ 14대, 16대가 있다. 모두 _____대이다.

❷ 22대가 있다. 이 중에서 8대를 타고 가면 가 _____대 남는다.

❸ 바나나 7개를 먹고 15개가 남았다면, 원래 바나나 _____개가 있었다.

❹ 8개, 17개가 있다. 는 에 비해 _____개가 더 많다.

❺ + +   = 총 _____개의 다리가 있다.

점수(총점600점)

이름(姓名) _____   초등 1학년(小學一年級)

수험번호(參加證號碼)_____

1교시(第一節)
제한시간 15분

1. 다음을 선택하시오. (문항별 10점, 10문항 100점)

( )❶ 50 – 55 – □ – 65 중 □의 숫자를 고르시오. (1) 60 (2) 62 (3) 59 (4) 54

( )❷ 🐭🐭🐭과 🐭🐭🐭🐭는 모두 몇 마리입니까? (1) 6   (2) 7   (3)3   (4) 4

( )❸ 가장 쉽게 구르는 것을 어느 것입니까? (1) △   (2) ▭   (3) ●   (4) ▱

( )❹ 일주일의 첫 번째 날이 월요일이면 마지막 날은 언제입니까? (1) 1 (2) 5 (3) 6 (4) 일요일

( )❺ 끈을 한 번 자르면 끈의 길이는 어떻게 됩니까?
       (1) 짧아진다.   (2) 길어진다.   (3) 변하지 않는다.

( )❻ ⑤⑤⑩㊿⑩⑤①①①①을 모두 합하면 십의 자리 수는 모두 얼마입니까?
       (1) 90원   (2) 80원   (3) 70원   (4) 60원

( )❼ ㊿⑩⑩⑩⑤⑤①①①을 모두 더하면 얼마입니까? (1)83원 (2)88원 (3)93원 (4)98원

( )❽ 2층으로 만들어진 책꽂이가 있다. 한 층에 20권을 꽂을 수 있다면 책꽂이에 모두 몇 권의
       책을 꽂을 수 있는지 구하시오. (1) 12권   (2) 20권   (3) 30권   (4) 40권

( )❾ A는 19+8 이고, B는 18+9 일 때, 어느 쪽이 더 큽니까? (1) A   (2) B   (3) 같다

( )❿ 12개를 正자로 기록할 때 맞는 것을 고르시오. (1)正T (2)正正T (3)正FT (4)正FF

2. 빈칸에 알맞은 수, 기호, 말을 써넣으시오.
   (문항별 10점, 10문항 100점)

❶ 오백오를 숫자로 나타내시오. _____

❷ 정육면체(상자모양)는 어느 쪽에서 보아도
   _____ 모양이다.

❸ 공은 어떤 방향에서 보아도 _____ 모양이다.

❹ 98보다 크기 위해서는 적어도 10을 ____개
   더해야한다.

❺ 두 자리 수 6🖐에서 손으로 가린 수 중 가장
   작은 수는 ____이고, 가장 큰 수는 ____이다.

❻ 23 ____ 12 = 11(+ 또는 – 기호를 넣으시오.)

❼ 78 ____ 5 = 83(+ 또는 – 기호를 넣으시오.)
   (❽~❿번)가장 긴 것에 √ 표 하세요.

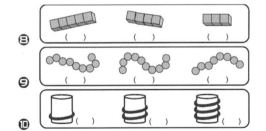

❽ ( ) ( ) ( )
❾ ( ) ( ) ( )
❿ ( ) ( ) ( )

3. 계산하시오. (문항별 10점, 10문항 100점)

❶ 23 + 45 = _____

❷ 9 + _____ = 76

❸ _____ + 67 = 89

(❹~❺번)( )안에 정확한 숫자를 쓰시오.

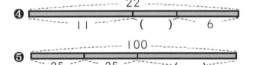

❹ 22
   11   ( )   6

❺ 100
   25   25   ( )

(❻~❿번)서로 같은 금액을 연결하시오.

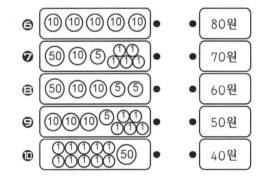

❻ ⑩⑩⑩⑩⑩   80원
❼ ㊿⑩⑤①①①①①   70원
❽ ㊿⑩⑩⑤⑤   60원
❾ ⑩⑩⑩⑤①①①①①① 50원
❿ ①①①①①①①①①㊿ 40원

4. 물음에 답하시오. (문항별 10점, 10문항 100점)

(   )❶ 5개의 귤을 한 봉지에 포장할 수 있다면 귤 37개는 몇 봉지에 포장하고 몇 개가 남는지 구하시오.

(   )❷ 화단에 6송이의 꽃이 있다. 15송이가 되기 위해서는 몇 송이의 꽃을 더 심어야 하는지 구하시오.

꽃 몇 송이?

(   )❸ 영희의 집은 10층이다. 엘리베이터를 타고 몇 층을 내려와야 1층에 도착할 수 있는지 구하시오.

(   )❹ 지금은 오후 6시이다. 2시간 전에는
(   )   몇 시였고, 2시간 후는 몇 시입니까?

2시간 전 / 몇 시? ← 오후 6시 → 2시간 후 / 몇 시?

(   )❺ 동생은 70원을 가지고 있고, 형은 65원을 가지고 있다. 책 한 권의 가격이 68원이라면 동생과 형 중 누구의 돈으로 책을 살 수 있습니까?

(   )❻ 아래의 입체모형은 몇 개의 을 사용했습니까?

(   )❼ 회색 부분을 둘러싼 길이는 몇 cm 입니까?

1cm / 1cm

(   )❽ 100원으로 39원짜리 햄버거 2개를 사면 얼마가 남는지 구하시오.

100   39 39

(   )❾ 철수는 영수보다 연필을 5자루 더 많이 가지고 있다. 영수가 연필 18자루를 가지고 있다면 철수와 영수가 가진 연필은 모두 몇 자루입니까?

(   )❿ 은지가 68원짜리 인형 1개를 사고 32원의 거스름돈을 받았다. 은지가 처음에 낸 돈은 얼마인가?

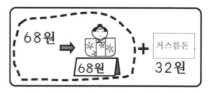
68원 → / 68원 + 거스름돈 / 32원

1. 다음을 선택하시오. (문항별 10점, 5문항 50점)

( )❶ 평면도형이 아닌 것을 고르시오. (1) ▭ (2) ◹ (3) ◺ (4) ▱

( )❷ 오십 몇에 12를 더했을 때 나올 수 있는 가장 큰 수를 고르시오. (1)71 (2)62 (3)63 (4)73

( )❸ 33에서 44까지의 수 와 55에서 66까지의 수 는 몇 개의 차이가 있습니까?

        (1) 11개 (2) 22개 (3) 3개 (4) 0개

( )❹ $\begin{array}{r} 29 \\ -\ 6 \\ \hline A \end{array}$ $\begin{array}{r} 18 \\ +\ 5 \\ \hline B \end{array}$ 에서 A와 B 중 어느 답이 큽니까? (1)A (2)B (3)같다. (4)비교할 수 없다.

( )❺ 두 자리 수의 크기를 비교할 때 십의 자리수가 같고, 일의 자리수가 큰 수는 일의 자리수가
      작은 수 보다 (1) 크다. (2) 작다. (3) 같다. (4) 비교할 수 없다.

2. 빈칸에 알맞은 수를 써넣으시오.
   (문항별 10점, 5문항 50점)

(❶~❷번)왼쪽의 이쑤시개와 콩을 사용해서 나올
     수 있는 도형에 √표시 하세요.

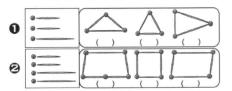

(❸~❺번)주어진 설명을 보고 빈칸을 채우시오.

     -설명-
     1. 정이 가장 길다.
     2. 을과 병은 길이가 같다.
     3. 갑은 병의 위에 있다.

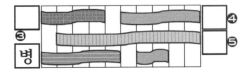

3. 빈칸에 알맞은 수를 써넣으시오.

❶ 11 + 23 + 4 = _____

❷ 39 - 8 - 17 = _____

❸ 50 - 50 + 0 = _____

(❹~❺번)화살표를 따라 계산하여 빈칸을 채우시오.

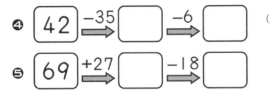

4. 물음에 답하시오. (문항별 10점, 5문항 50점)

( )❶ 2주과 2일이면 모두 며칠입니까?

( )❷ **6:00** 에서 시 바늘이 반 바퀴 더 가면
     몇 시입니까?

( )❸ 표는 시험문제를 채점한 선생님이 만든
     기록표이다. 시험을 본 학생들은 모두
     몇 명입니까?

	1번	2번	3번
정답	☁	26	23
오답	15	☁	7

( )❹ 자는 한 개에 25원, 연필은 한 자루에
     12원이다. 자 한 개와 연필 3자루는 모두
     얼마입니까?

( )❺ 언니는 8원을 가지고 있고, 동생은 언니보
     다 12원이 더 많다. 오빠는 동생보다
     25원을 더 가지고 있다면 오빠가 가지고
     있는 돈은 얼마입니까?

이름(姓名) _____ 초등 1학년(小學一年級) 2교시(第二節)
제한시간 3분

수험번호(參加證號碼) _____

1. 다음을 선택하시오. (문항별 10점, 5문항 50점)

( )❶ 110 → □ → 80 → 65, □안에 들어갈 숫자를 고르시오.
   (1) 95 (2) 85 (3) 90 (4) 80

( )❷ 34 보다 25 크고, 16 더 큰 숫자를 고르시오.
   (1) 70 (2) 75 (3) 80 (4) 85

( )❸ 125원은 10원짜리로 몇 개를 바꿀 수 있습니까?
   (1) 11개 (2) 12개 (3) 13개 (4) 10개

( )❹ 선생님이 일주일에 15시간 수업을 한다면 4주 동안은 몇 시간 수업을 합니까?
   (1) 84시간 (2) 19시간 (3) 64시간 (4) 60시간

( )❺ 동생의 키는 84cm이고, 형은 93cm이다. 동생은 형보다 얼마나 작습니까?
   (1) 7cm (2) 8cm (3) 9cm (4) 11cm

2. 빈칸에 알맞은 수를 써 넣으시오. (문항별 10점, 5문항 50점)

❶ 한 대에 42원 하는 자동차는 한 대에 79원 하는 비행기보다 _____원 쌉니다.

❷ 일의 자리 수와 십의 자리 수가 모두 9인 수는 _____입니다.

❸ 약은 1병에 7원이다. 약을 6병과 3병 산다면 모두 _____원입니다.

❹ 토끼가 한 번 뛰면 5걸음을 뛴다. 토끼가 7번 뛰면 _____ 걸음을 뜁니다.

❺ 하늘에 55개 풍선이 있다. 풍선 18개를 터트리고 13개를 더 터트리면
   공중에 남아있는 풍선은 모두 _____개입니다.

3. 계산해서 빈칸에 알맞은 답을 쓰시오. (문항별 10점, 5문항 50점)

❶ 22 + 44 + 66 = _____

❷ 99 - 37 - 12 = _____

❸ 83 - 15 - _____ = 20

❹ 70 - _____ + 23 = 31

❺ _____ + 28 - 34 = 52

4. 알맞은 답을 구하시오. (문항별 10점, 5문항 50점)

( )❶ 노란 모자는 흰 모자보다 15원 비싸고, 흰 모자는 35원이다.
   노란 모자와 흰 모자를 각각 하나씩 산다면 모두 얼마가 필요합니까?

( )❷ 탁자에 1원짜리 19개가 있다. 이것을 8명에게 2개씩 나누어 주면 1원짜리
   몇 개가 남습니까?

( )❸ 모두에게 각각 3개씩 단추를 나누어 주려고 한다. 한 모둠이 6명이고,
   모둠이 모두 5개 있다면 필요한 단추는 모두 몇 개입니까?

( )❹ 장난감 계란은 하나에 25원, 피카츄는 36원, 드래곤볼은 32원이다.
   각각 하나씩 산다면 모두 얼마가 필요합니까?

( )❺ 홍차 한 잔에 12원, 녹차 한 잔에 15원이다. 홍차 3잔과 녹차 2잔을 사려면
   모두 얼마를 지불해야합니까?

이름(姓名) _____   초등 2학년(小學二年級)   1교시(第一節)
제한시간 15분

수험번호(參加證號碼) _____

1. 다음을 선택하시오. (문항별 10점, 10문항 100점)

(❶~❷번)   (❸번)

(   )❶ 두 직선이 서로 만나는 지점인 갑을 무엇이라 합니까? (1) 꼭짓점   (2) 면   (3) 변   (4) 각

(   )❷ 병과 정은 이 도형의 _____입니다.   (1) 꼭짓점   (2) 면   (3) 변   (4) 각

(   )❸ 위 식에서 곱하여지는 수를 고르시오. (1) 갑   (2) 을   (3) 병   (4) 일정하지 않다.

(   )❹ 보기에서 길이의 단위가 아닌 것을 고르시오. (1) mm   (2) kg   (3) cm   (4) m

(   )❺ 영희는 165원을 가지고 있다. 영희는 최대 10원짜리 몇 개를 가질 수 있습니까?
        (1) 17개   (2) 21개   (3) 15개   (4) 16개

(   )❻ $8×9$ 와 $9×8$ 의 답의 차이를 고르시오. (1) 0   (2) 11   (3) 9   (4) 8

(   )❼ $567 > 56$✋, 손으로 가려진 수가 될 수 없는 것을 고르시오. (1)0 (2)5 (3)6 (4)7보다 큰 수

(   )❽ $\frac{(\ )}{81 \quad 31}$ 와 $81+31=(\ )$ 는 같은 뜻입니까?
        (1) 그렇다.   (2) 그렇지 않다.   (3) 일정하지 않다.

(   )❾ 회색부분이 도형 전체의 절반인 도형을 고르시오. (1) △ (2) △ (3) △ (4) △

(   )❿ 덧셈에서 십의 자리 수를 더하여 10을 초과하면 받아올림은 어느 자리로 합니까?
        (1) 일의 자리   (2) 십의 자리   (3) 백의 자리   (4) 천의 자리

2. 빈칸에 알맞은 수를 써넣으시오.
(문항별 10점, 10문항 100점)

❶ $\frac{5}{6}$ 를 읽으면 _____ 라고 읽습니다.

❷ $258 × 0 =$ _____ $× 369$

❸ ⬡의 꼭짓점은 _____ 개, 변은 _____ 개입니다.

❹ △▽△ 는 ▽ 의 _____ 배입니다.

❺ 정육면체의 한 개의 면은 _____개의 면과 붙어있습니다.

❻ 정사각형의 모든 각은 직각입니까? _____
(네, 아니오로 답하시오.)

(❼~❿번) 빈칸에 >, <, = 중에서 알맞은 기호를 쓰시오.

❼ $\frac{1}{3}$ ◯ $\frac{1}{8}$

❽ 4 + 4 + 4 + 4 ◯ 4×5

❾ 9의 7배 ◯ 9가 7개

❿ 100이 6개 있고, 10이 8개 ◯ 608

3. 알맞은 답을 구하시오.
(문항별 10점, 10문항 100점)

❶ 갑 − 6 = 7, 갑 × 갑 = _____

❷ 을 × 8 = 64, 92 + 을 = _____

❸ (막대: 1000 / ( ) / 436)

❹ (막대: 48cm / 59cm / 62cm ... cm 公分)

❺ (막대: 859cm / 271cm / ( ) m ( ))

(❻~❿번)답이 같은 것과 연결하시오.

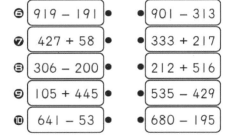

❺ 919 − 191 ●   ● 901 − 313
❼ 427 + 58 ●   ● 333 + 217
❽ 306 − 200 ●   ● 212 + 516
❾ 105 + 445 ●   ● 535 − 429
❿ 641 − 53 ●   ● 680 − 195

4. 물음에 답하시오. (문항별 10점, 10문항 100점)

( )❶ 아래도형 중 원기둥을 고르시오.
　갑　　을　　병　　정

( )❷ 동생은 756원이 있는데 998원짜리 비행기 장난감을 사려고 한다. 동생은 얼마가 부족합니까?

( )❸ 한 개에 9원하는 사과를 11개 사려고
한
다. 100원을 주었다면 거스름돈은 얼마 받아야합니까?

( )❹ 연필 한 자루에 9원이고, 볼펜의 가격은 연필의 5배이다. 볼펜 한 자루의 가격을 얼마입니까?

( )❺ 사탕 1봉지는 12개 이고, 1상자는 12봉지가 들어있다. 영희는 사탕 4상자와 1봉지를 가지고 있다면 영희가 가지고 있는 사탕은 모두 몇 개입니까?

( )❻ 한 봉지에 사탕이 48개 들어 있다면 반 봉지에는 사탕이 몇 개 들어있습니까?

( )❼ 케이크를 만드는데 계란이 8개 필요하다. 계란이 64개 있다면 케이크를 몇 개를 만들 수 있습니까?

( )❽ 철수는 130개의 계란을 가지고 있다. 계란 10개를 한 묶음으로 한다면 몇 묶음을 만들 수 있습니까?

( )❾ 정삼각형 화원에서 한 변에 54그루의 나무를 심을 수 있다. 화원에 심을 수 있는 나무의 수를 구하시오.
(변의 양쪽 끝에는 심지 않는다.)

( )❿ 감자튀김 한 봉지에 52원, 햄버거 하나에 39원이다. 감자튀김 한 봉지와 햄버거 2개를 사는데 필요한 돈은 얼마입니까?

1. 다음을 선택하시오. (문항별 10점, 5문항 50점)

( )❶ 두 개의 같은 원기둥을 겹치면 어떤 모양이 되는지 고르시오.

     (1) 구   (2) 원뿔   (3) 원기둥

( )❷ 여러 개의 물건을 똑같이 나누는 것을 무엇이라 합니까?

     (1) 빼기   (2) 등분   (3) 더하기

( )❸ 갑 + □ - 병 = 정, □ = 무엇입니까?

     (1) 정 - 병 + 갑 (2) 정 - 병 - 갑 (3) 정 + 병 + 갑 (4) 정 + 병 - 갑

( )❹ $\frac{1}{4}$과 $\frac{3}{5}$는 무슨 분수입니까? (1) 진분수 (2) 가분수 (3) 대분수

( )❺ 616보다 크고 777보다 작은 수 중에서 가장 큰 수를 고르시오.

     (1) 815 (2) 612 (3) 658 (4) 789

2. 빈칸에 알맞은 수를 써넣으시오.

   (문항별 10점, 5문항 50점)

❶ 삼각기둥의 변과 꼭짓점의 수를 모두 더하면
몇 개인가? _____개

❷ 998보다 2 큰 수는 _____,
998보다 2 작은 수는 _____이다.

❸ 200보다 작고 일의 자리와 백의 자리의 수는
같고, 십의 자리의 수는 0인 수는 _____ 이다.
(수는 0이 아니다.)

❹ | 147 + 103 + 350 + 203 = 700 |

주어진 식에서 필요 없는 수는 _____이다.

❺ | 680 - 410 - 170 - 270 = 0 |

주어진 식에서 부족한 수는 _____이다.

3. 빈칸에 알맞은 수를 써넣으시오.

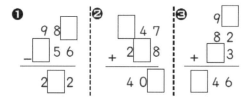

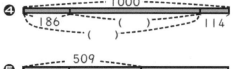

4. 물음에 답하시오. (문항별 10점, 5문항 50점)

( )❶ 7월과 8월을 더하면 몇 주 며칠입니까?

( )❷ 가장 큰 일의 자리 수에 9를 곱한 수
와 가장 큰 십의 자리 수를 더하면
얼마입니까?

( )❸ 빵 하나에 26원이다. 100원으로 빵 몇
개를 살 수 있습니까?

( )❹ 길가에 나무가 3m마다 심어져있다.
첫 번째 나무부터 11번째 나무까지의
거리는 몇 m입니까?

( )❺ 철수는 8원을 가지고 있고, 영희는 철수
의 7배에 5를 더한 만큼 있다. 영수는
철수의 8배보다 3원이 적다. 철수, 영희,
영수가 가지고 있는 돈을 더하면 얼마입
니까?

1. 다음을 선택하시오. (문항별 10점, 5문항 50점)

(　　)❶ 칫솔 한 개에 25원이다. 칫솔 12개는 얼마입니까? (1) 300　　(2) 325　　(3) 250　　(4) 240

(　　)❷ 포도 한 송이에 88원이다. 포도 3송이 반은 얼마입니까? (1) 300　(2) 264　(3) 308　(4) 240

(　　)❸ 34보다 56이 더 크고 또 78이 더 큰 수는 어느 것입니까? (1)158　(2)188　(3)160　(4)168

(　　)❹ 의자 1개에 6명이 앉을 수 있다. 의자 9개에 사람들이 앉아있고 8명이 서 있으면 사람들은
　　　　모두 몇 명입니까? (1) 77명　　(2) 62명　　(3) 21명　　(4) 71명

(　　)❺ 한 줄에 글자 10자를 쓸 수 있습니다. 동생이 8줄과 3자의 글자를 썼다면 동생이 쓴 글자는
　　　　모두 몇 자입니까? (1) 84　　(2) 38　　(3) 83　　(4) 34

2. 계산하여 빈칸에 알맞은 답을 쓰시오. (문항별 10점, 5문항 50점)

❶ 수 5가 5개 쓰여 있고, 수 6이 6개 쓰여 있으면 수의 합은 모두 _____입니다.

❷ 말 🐎 7마리의 다리의 개수는 닭 🐥 7마리의 다리의 개수보다 _____ 개 더 많습니다.

❸ 1월 23일부터 4월 5일까지는 모두 _____일입니다.(단, 2월은 29일까지 있다.)

❹ 엄마의 손목시계는 888원이고, 아빠의 손목시계는 515원이다.
　엄마의 손목시계는 아빠의 손목시계보다 _____원 비쌉니다.

❺ 영희는 5원짜리 30개가 있었는데 8개를 동생에게 주었다.
　동생에게 주고 남아있는 돈은 _____원입니다.

3. 계산해서 빈칸에 알맞은 답을 쓰시오. (문항별 10점, 5문항 50점)

❶ 80 + 35 − 27 = _____

❷ 38 + 14 + 42 = _____

❸ 47 − 18 − 19 = _____

❹ _____ + 42 − 37 = 101

❺ _____ + 36 − 15 = 52

4. 알맞은 답을 구하시오. (문항별 10점, 5문항 50점)

(　　)❶ 여동생이 108원을 가지고 한 개에 250원하는 장난감을 사려고 한다.
　　　　부족한 돈은 얼마입니까?

(　　)❷ 12개의 유리 그릇 가격은 624원이고, 10개의 플라스틱 접시가 330원이다.
　　　　1개의 유리그릇은 1개의 플라스틱 접시보다 얼마나 비싼지 구하시오.

(　　)❸ 배구공 하나에 135원, 농구공 하나에 168원이다. 농구공 2개는 배구공 2개보다
　　　　얼마나 비싼지 구하시오.

(　　)❹ 115원하는 윗옷은 180원하는 바지보다 얼마나 싼지 구하시오.

(　　)❺ 한 사람이 한 시간 동안 노래방에서 노래를 부를 때 85원이 필요하다.
　　　　두 사람이 각각 4시간씩 노래를 부른다면 얼마가 필요합니까?

2017년 국제수학심산경기대회(國際數學心算競賽大會)

이름(姓名) _____   초등 3학년(小學三年級)   1교시(第一節)
수험번호(參加證號碼) _____   제한시간 15분

점수(총점600점)

1. 다음을 선택하시오. (문항별 10점, 10문항 100점)

(   )❶ 도형을 이루는 각 선분을 무엇이라 합니까? (1) 길이   (2) 면   (3) 원주   (4) 변

(   )❷ 부피의 뜻은 무엇입니까? (1) 표면적   (2) 평면의 크기   (3) 공간의 크기   (4) 무게

(   )❸ 0.5를 바르게 읽은 것을 고르시오. (1) 영점오   (2)점오   (3) 영오   (4) 영영오

(   )❹ 사용하고 있지 않은 저울의 바늘은 무엇을 가리킵니까? (1)1   (2)0   (3)10   (4)모든 수를 가리킴

(   )❺ 10분을 초로 나타내면 몇 초입니까? (1) 10초   (2) 60초   (3) 500초   (4) 600초

(   )❻ 빼어지는 수 - 빼는 수 = 차, 빼는 수는 변하지 않고 빼어지는 수가 커지면 차는 어떻게 됩니까?
　　　 (1) 커진다.   (2) 작아진다.   (3)변하지 않는다.

(   )❼ 88 × 1 = 88, 8888 × 0 = ?   (1) 88880   (2) 0   (3) 8880   (4)8888

(   )❽ □ × 7 = 91, □ = ?   (1) 637   (2) 98   (3) 13   (4) 74

(   )❾ 통계표에서 『正正下』로 기록된 것은 숫자 몇을 뜻합니까? (1) 15   (2) 23   (3) 13   (4) 14

(   )❿ 분모가 같은 분수끼리 더하는 방법을 구하시오.
　　　 (1) 분자 + 분자, 분모 + 분모　　　　 (2) 분자 × 분자, 분모 × 분모
　　　 (3) 분자는 변하지 않고, 분모 + 분모   (4) 분자 + 분자, 분모는 변하지 않는다.

2. 빈칸에 >, <, = 중에서 알맞은 기호를 쓰시오.
　 (□안에는 수가 들어간다.)
　 (문항별 10점, 10문항 100점)

❶ 1kg 23g _____ 1230g

❷ 404dL _____ 0.4L

❸ 6분7초 _____ 607초

❹ 0.5m _____ 50cm

❺ 80□3 _____ 79□6

❻ 8의 90배 _____ 90이 8개

(❼~❽번)빈칸에 시, 분, 초 중에 알맞은 단어를
　 쓰시오.

❼ 영희가 50m를 달리는데 9____가 걸린다.

❽ 아버지의 샤워시간은 대략 15____이다.

(❾~❿번)시계 그림을 보고 시간이 얼마나
　　　 지났는지 계산하시오.

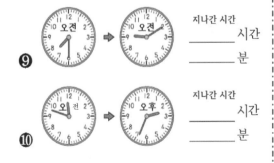

❾ 지나간 시간 _____시간 _____분

❿ 지나간 시간 _____시간 _____분

3. 알맞은 답을 구하시오.
　 (문항별 10점, 10문항 100점)

❶ $\frac{9}{16} - \frac{9}{16} + 0 =$ _____

❷ $\frac{19}{20} -$ _____ $= \frac{2}{20} + \frac{7}{20}$

❸ 258 ÷ _____ = 43 × 2

❹ 234 ÷ 5 = _____ … _____

❺
$\frac{5}{9}$　　$\frac{2}{9}$　(　　)

❻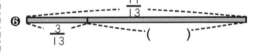
$\frac{11}{13}$　$\frac{3}{13}$　(　　)

❼
(　　)　$\frac{6}{12}$

❽
```
  3 . 5
+ 1 . 6
───────
```

❾
```
  9 . 8
-
───────
  5 . 5
```

❿
```
  
+ 1 . 7
───────
  7 . 7
```

4. 물음에 답하시오. (문항별 10점, 10문항 100점)

( )❶ $\frac{11}{13}$이 정수가 되기 위해서는 적어도 얼마를 더해야 하는가?

( )❷ 아래와 같은 원기둥이 2개 있다. 두 원기둥 부피의 차를 구하시오. (단위 : m)($\pi ≒ 3$)

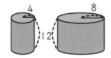

( )❸ 영희는 아침에 6시 30분에 일어난다. 그 후 이를 닦고 세수하는데 20분이 걸리고 밥 먹는데 30분이 걸린다. 영희가 학교에 가기 위해 집을 나서는 시간을 구하시오.

( )❹ 정사각형의 둘레의 길이는 96cm이다. 직사각형의 세로 길이는 정사각형 한 변의 길이와 같다. 직사각형의 가로 길이는 세로 길이의 2배이다. 직사각형 둘레의 길이를 구하시오.

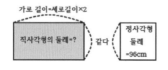

( )❺ 아래의 정사각형은 넓이가 모두 같다. 각각 구멍을 뚫은 후 남은 정사각형의 면적이 가장 큰 것은 어느 것입니까? (모든 구멍의 크기는 같다.)

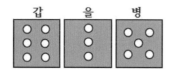

( )❻ 영수는 10벌의 윗옷과 5벌의 바지가 있다. 총 몇 가지 방식으로 옷을 입을 수 있습니까?

( )❼ 선생님이 144장의 색종이를 여섯 명 학생에게 똑같이 나누어준다. 학생 한 명이 몇 장의 색종이를 가질 수 있습니까?

( )❽ 영희의 키가 136.5cm이고, 은지의 키는 영희의 키보다 0.1m 작다. 은지의 키는 몇 cm입니까?

( )❾ 올해 3학년 학생 수는 439명인데 작년 3학년 학생 수보다 76명 적다. 작년 3학년 학생 수는 몇 명입니까?.

작년 3학년 학생수는 몇명인가?

올해 3학년 학생수 　　　작년보다 76명 적다.

( )❿ 나무토막 1개의 부피는 8㎤이다. 지원이는 나무토막을 18개 사용했고, 영희는 나무토막을 15개를 사용했다. 두 사람이 사용한 나무토막의 총 부피는 몇 ㎤입니까?

영재 도전 문제(3학년)

1. 다음을 선택하시오. (문항별 10점, 5문항 50점)

(　　)❶ 평면의 크고 작은 넓이의 크기를 무엇이라 합니까? (1) 면적 (2) 무게 (3) 부피 (4) 길이

(　　)❷ 1에서 순소수를 빼면(1-순소수) 답은 어떤 수가 됩니까? (1) 1　(2)순소수　(3)대소수　(4)정수

(　　)❸ 분모가 7인 분수 중에서 0보다 크고 1보다 작은 진분수는 몇 개입니까?

　　　　　(1) 7개　(2) 6개　　(3) 5개　　(4) 4개

(　　)❹ 덧셈(더해지는 수+더하는 수=답)에서 더해지는 수와 더하는 수를 서로 바꾸어 계산하면

　　　　답은 어떻게 됩니까? (1) 작아짐　　(2) 커짐　　(3) 변함없음

(　　)❺ 분수의 크기를 비교할 때, 분모가 같은 분수는 분자가 작을수록 어떻게 됩니까?

　　　　(1) 비교할 수 없다.　(2) 상황에 따라 다르다.　　(3) 크다.　　(4) 작다.

2. 빈칸에 알맞은 수를 써넣으시오.
(문항별 10점, 5문항 50점)

　　(❶~❷번)시간이 얼마나 지났는지 구하시오.

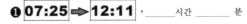

❶ 07:25 ➡ 12:11 ,＿＿＿시간 ＿＿＿분

❷ 05:50 ➡ 16:40 ,＿＿＿시간 ＿＿＿분

(❸~❺번)나머지가 같은 것끼리 연결하시오.

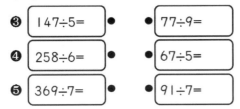

❸ 147÷5=　●　　　● 77÷9=

❹ 258÷6=　●　　　● 67÷5=

❺ 369÷7=　●　　　● 91÷7=

3. 빈칸에 알맞은 수를 써넣으시오.

❶ $\frac{1}{9}$ + ＿＿＿ － $\frac{5}{9}$ = $\frac{2}{9}$

❷ ＿＿＿ － $\frac{3}{11}$ － $\frac{4}{11}$ = $\frac{2}{11}$

❸ 4.9 － 3.1 = ＿＿＿ + 0.8

(❹~❺번)연산기호와 화살표에 따라 계산하세요.

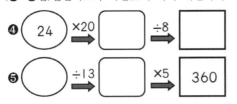

❹ 24 ×20 ➡ ÷8 ➡

❺ ◯ ÷13 ➡ ×5 ➡ 360

4. 물음에 답하시오. (문항별 10점, 5문항 50점)

(　　)❶ 갑이 3kg 600g이면 병의 무게는 몇 g입니까?

(　　)❷ 운동장 한 바퀴가 200m인데, 영희는 매일 아침, 저녁 3바퀴씩 돈다. 영희가 하루에 뛰는 거리는 몇 km입니까?

운동장 1바퀴
200m

(　　)❸ 하나에 72cm인 리본을 8조각으로 자른다. 한 조각의 크기를 분수로 나타내고, 한 조각의 길이를 구하시오.

(　　)❹ 3단으로 된 서랍장이 있다. 서랍의 총 부피는 57,600㎤이다. 한 단에 종이상자가 15개 들어갔다. 종이상자 1개의 부피를 구하시오.

(　　)❺ 촛불 하나의 길이가 0.1m이다. 촛불을 켜면 1분에 1cm씩 짧아진다. 10개의 촛불을 동시에 2분 동안 켰다면 남은 촛불의 길이를 모두 합한 값은 얼마입니까?

1. 물음에 답하시오. (문항별 10점, 5문항 50점)

( )❶ 한 개의 정육면체는 몇 개의 면이 있습니까?

(1) 12개 (2) 6개 (3) 8개 (4) 4개

( )❷ 나눗셈의 나머지는 어떤 수보다 작습니까?

(1) 나누어지는 수 (2) 나누는 수
(3) 몫 (4) 일정하지 않다.

( )❸ 아버지는 41세, 어머니는 37세, 나는 7세이다. 2년 후 나이를 모두 합하면 몇 살입니까?

(1) 79세 (2) 85세 (3) 88세 (4) 91세

( )❹ 곱하는 수가 1보다 클 때, 답에 대한 설명으로 옳은 것을 고르시오.
(곱하여지는 수는 0이 아니다.)

(1) 곱하여지는 수보다 크다.
(2) 곱하여지는 수보다 작다.
(3) 곱하여지는 수와 같다.
(4) 모두 가능하다.

( )❺ 1kg 76g + 24g = _____

(1) 2g (2) 11g (3) 1kg 100g
(4) 모두 아니다.

2. 계산해서 빈칸에 알맞은 답을 쓰시오.
(문항별 10점, 5문항 50점)

❶ 1m는 0.1m가 _____개이다.

❷ 2.3cm는 0.01cm가 _____개이다.

❸ 313에 얼마를 더해야 6으로 나눌 수 있습니까?
_____(가장 작은 수를 찾으시오.)

❹ 운동장 한 바퀴는 200m이다. 5바퀴 반의 길이는
_____m이다.

❺ 1kℓ 3dℓ + 2ℓ 7dℓ = _____ℓ_____dℓ
(1kL=1000L, 1L=10dL)

3. 계산해서 빈칸에 알맞은 답을 쓰시오.
(문항별 10점, 5문항 50점)

❶ $\frac{98}{99} - \frac{74}{99} - \frac{22}{99}$ = _____

❷ 75 × 4 + 75 × 6 = _____

❸ 78 × 6.5432 = _____

❹ 405 ÷ 5 ÷ _____ = 9

❺ 485 ÷ _____ = 161 ⋯ 2

4. 물음에 답하시오. (문항별 10점, 5문항 50점)

( )❶ 배는 7kg에 3990원, 사과는 6kg에 2520원이다. 배와 사과가 각각 1kg일 때 가격 차이를 구하시오.

( )❷ 한 봉지에 아이스크림 5개를 넣을 수 있다. 아이스크림 125개는 몇 봉지에 담을 수 있는지 구하시오.

( )❸ 수도꼭지에서는 1분마다 40L의 물이 나와 물통으로 들어간다. 물통의 배수구에서 1분마다 35L의 물이 나온다. 수도꼭지와 배수구를 모두 열고 30분이 지났을 때 물통에 물이 3300L 있다면 물통에 처음에 있었던 물의 양은 얼마입니까?

( )❹ 수빈이는 아침 10시 55분부터 피아노 연습을 시작했다. 1시간 15분 동안 피아노 연습을 했다면 몇 시 몇 분까지 했습니까?

( )❺ 0, 2, 4, 6, 8 5개의 숫자 카드를 배열해서 만들 수 있는 세 자리 수에서 가장 큰 수와 가장 작은 수의 차이를 구하시오.

이름(姓名) _____   초등 4학년(小學四年級)

수험번호(參加證號碼)_____

1교시(第一節)
제한시간 15분

1. 다음을 선택하시오. (문항별 10점, 10문항 100점)

( )❶ $\boxed{1234000056789}$ 중 4의 값은 얼마입니까? (1) 4억   (2) 40억   (3) 400억   (4) 4000억

( )❷ $\boxed{}$ 의 회색부분 넓이와 같은 것은 어느 것입니까? (1)▨ (2)▨ (3)▨ (4)▨

( )❸ 두 변의 길이가 같은 삼각형을 무슨 삼각형이라 합니까?
     (1) 정삼각형   (2) 직각삼각형   (3) 이등변삼각형   (4) 알 수 없다.

( )❹ 오후 12시에서 오후 4시가 되었다면 몇 시간이 지났습니까?(1)6시간 (2)2시간 (3)3시간 (4)4시간

( )❺ 보기 중 크기가 다른 수를 고르시오. (1) $\frac{1}{10}$ (2) $\frac{10}{100}$ (3) $\frac{100}{1000}$ (4) $\frac{101}{1000}$

( )❻ 통계표에서 수를 셀 때 일반적으로 사용하는 부호는 어느 것입니까?(1)正   (2)玉   (3)王   (4)工

( )❼ 어떤 수의 배를 구할 때 이용되는 기호는 무엇입니까? (1) +   (2) -   (3) ×   (4) ÷

( )❽ 정사각형의 면적은 어떻게 구합니까? (1) 변의 길이×변의 길이÷2   (2) 변의 길이×변의 길이
                               (3)(변의 길이+ 변의 길이)×2   (4) 변의 길이×4

( )❾ 나누는 수가 1보다 클 때 몫은 나누어지는 수보다 어떠합니까?(1) 작다. (2) 크다. (3) 같다.

( )❿ 혼합계산 방법으로 옳은 것을 고르시오.
     (1) 어떻게 하든 상관없다. (2) 소괄호에 상관없이 ×, ÷를 한 후, +, -를 한다.
     (3) 소괄호에 상관없이 순서에 따라 계산한다.
     (4) 먼저 소괄호를 계산한 후, ×, ÷를 계산하고 +, -를 계산한다.

2. 빈칸에 알맞은 수를 써넣으시오.
   (문항별 10점, 10문항 100점)

❶ 사각형의 내각의 합은 삼각형의 내각의
   합의 _____배입니다.

❷ 77 × 49 = 3773, 3773 ÷ 49 = _____

❸ $\frac{11}{10}, \frac{12}{11}, \frac{13}{12}$ 중 가장 작은 분수는 _____ 입니다.

(❹~❺번)아래 시간 단위 중에 적절한 것을 고르시오
   (일, 시간, 분, 초)

❹ 한 문장을 말하는데 걸리는 시간은 2____이다.

❺ 철수가 샤워하는데 걸리는 시간은 대략 15____이다.

❻ 550− a =330 ● ● a = 550÷50

❼ a × 55 =550 ● ● a = 330+550

❽ a + 550=880 ● ● a = 550÷55

❾ 550 ÷ a = 50 ● ● a = 550−330

❿ a −550=330 ● ● a = 880−550

3. 알맞은 답을 구하시오.
   (문항별 10점, 10문항 100점)

❶ 5조 5000억 - 3조 9000억 = ____조 _____억

❷ 1시 23분 + 4시 56분 = _____분 _____초

❸ 2016 × 38 = _____

❹ 98.76 × 0.45 = _____

❺ 1989 ÷ 17 = _____

❻ ( ) $8\frac{17}{23}$ $2\frac{43}{46}$

❼ $3\frac{11}{14}$ ( ) $2\frac{2}{7}$

(❽~❿번)직사각형 모양의 땅에 폭이 12m인 도로가
   있다.(단위 : m)

❽ A지역의 둘레는 _____m이다.

❾ D지역의 면적은 _____m²이다.

❿ 도로의 면적은 _____m²이다.

4. 물음에 답하시오. (문항별 10점, 10문항 100점)

( )❶ 아래 도형의 회색부분 면적을
구하시오.

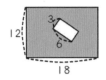

( )❷ 대각선을 따라 자를 때 2개가 같은
삼각형은 어느 도형입니까?

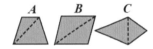

( )❸ 어느 나라의 2015년 1월 총 인구가
23440278명일 때, 천만 단위의 숫자는
몇 명을 나타냅니까?

( )❹ 영수는 3L의 물을 25개의 컵에 넣으려
한다. 컵 1개에 들어가는 물은 몇 mL입
니까?

( )❺ 고속도로에 표시판을 100m마다 1개씩
세웠다. 첫 표시판으로부터 101번째 표시
판까지의 거리는 몇 km입니까?

( )❻ 수박 $\frac{4}{5}$개가 있다. 이 수박의 $\frac{1}{2}$개를
먹고 나면 얼마나 남습니까?

( )❼ 강아지 사료는 한 포대에 15.26kg이
다. 4포대의 무게를 구하시오.

( )❽ 은지가 오전 7시 45분에 집을 나갔
다가 오후 6시 30분에 돌아왔다.
은지가 몇 시간 몇 분 동안 집에
없었는지 구하시오.

집을 나간 시간   집에 돌아온 시간

( )❾ 철수의 집은 오늘 저녁 11시 30분부터
다음날 오전 4시 30분까지 정전이다.
정전되는 시간은 총 몇 시간입니까?

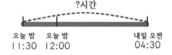

( )❿ 영희의 한 걸음은 60cm를 가고,
은지의 한 걸음은 65cm이다.
두 사람이 동시에 같은 곳을 향해
걸었을 때, 두 사람의 거리 차이가
1m가 되는 것은 몇 걸음을 걸었을
때입니까?

1. 다음을 선택하시오. (문항별 10점, 5문항 50점)

(   )❶ 백의 자리 수끼리 곱하였을 때 나올 수 없는 답은 어느 것입니까?

　　　　(1) 여섯 자리 수(10만)　(2) 다섯 자리 수(만)　(3) 세 자리 수(백) 또는 네 자리 수(천)

(   )❷ 순소수의 소수 부분 중 가장 높은 자리는 무엇입니까?

　　　　(1) 소수 둘째 자리　(2) 소수 첫째 자리　(3) 십의 자리　(4) 일의 자리

(   )❸ □÷43=8...△, □가 될 수 있는 값 중에 가장 큰 수는 어느 것입니까?

　　　　(1) 386　(2) 385　(3) 353　(4) 350

(   )❹ (119÷a+ 243)×8=2000, a의 값을 구하시오. (1) 10　(2) 12　(3) 19　(4) 17

(   )❺ 자연수에서 진분수를 뺄 때, 자연수 1을 분수로 어떻게 바꿀 수 있습니까?

　　　　(1) 진분수의 분자와 다른 분수　(2) 진분수의 분자와 같은 분수

　　　　(3) 진분수의 분모와 다른 분수　(4) 진분수의 분모와 같은 분수

2. 빈칸에 알맞은 기호(>, <, =)를 써넣으시오.
   (단, b>2) (문항별 10점, 5문항 50점)

❶ 10cm × 10cm _____ 100㎡

❷ 53000㎠ _____ 5㎡ 3㎠

❸ 2일 1시간 _____ 48시간

❹ 1개월 – 1일 _____ 31일

❺ 987 ÷ b ÷ b _____ 987 ÷ (b × b)

3. 빈칸에 알맞은 수를 써넣으시오.
   (문항별 10점, 5문항 50점)

❶ 6636 ÷ (66 – 36) = _____
　　　　　　　　　　(소수로 답하시오.)

❷ (999 + 888) ÷ 98 = _____ ··· _____

❸ $5\frac{19}{28}$ – _____ – $4\frac{3}{7}$ = $\frac{25}{56}$

(❹~❺번)아래 도형의 면적을 구하시오(단위:cm)

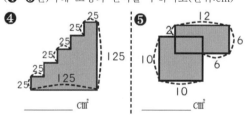

❹ _____ ㎠ 　　❺ _____ ㎠

4. 물음에 답하시오. (문항별 10점, 5문항 50점)

(   )❶ 아래 도형의 둘레를 구하시오.
　　　　(단위 : cm)

(   )❷ 두 개의 다른 삼각자를 겹친 그림에서
　　　　각 A는 몇 도입니까?

(   )❸ 목수 3명이 5시간 동안 45개의 나무
　　　　의자를 만든다면, 7명이 7시간 동안
　　　　만들 수 있는 나무 의자는 몇 개입니까?

(   )❹ 아버지의 나이가 형 나이의 3배,
　　　　형의 나이는 동생 나이의 2배이다.
　　　　아버지의 나이는 동생의 나이의 몇 배입
　　　　니까?

(   )❺ 어떤 수를 백의 자리에서 반올림한
　　　　수가 57,000이면 어떤 수의 가장 큰 수
　　　　와 가장 작은 수의 차는 얼마입니까?

2017년 국제수학심산경기대회(國際數學心算競賽大會)

점수(총점200점)

이름(姓名) _____   초등 4학년(小學四年級)

수험번호(參加證號碼)_____

2교시(第二節)
제한시간 3분

1. 물음에 답하시오. (문항별 10점, 5문항 50점)

(　)❶ 6×4와 같은 의미는 어느 것입니까?
　　(1) 6+4　　(2) 6÷4
　　(3) 4+4+4+4+4+4　　(4) 6+6+6+6

(　)❷ 직육면체에는 꼭짓점이 몇 개 있습니까?
　　(1) 8개　(2) 6개　(3) 12개　(4) 4개

(　)❸ 한 달에 최대 몇 주가 있을 수 있는가?
　　(1) 6주　(2) 5주　(3) 3주　(4) 4주

(　)❹ 짝수에 짝수를 곱하면 짝수다.
　　홀수와 홀수를 곱하면 어떻게 됩니까?
　　(1) 짝수　(2) 짝수일수도, 홀수일수도 있다.
　　(3) 홀수　(4) 소수

(　)❺ 수직선 위에서 수의 값이 우측으로 갈
　　수록 수의 값은 어떻게 됩니까?
　　(1) 점점 커진다.　　(2) 점점 작아진다.
　　(3) 변하지 않는다.　　(4) 알 수 없다.

2. 계산해서 빈칸에 알맞은 답을 쓰시오.
　(문항별 10점, 5문항 50점)
❶ 1×0 =_____ 이고, 0÷1= _____입니다.
❷ 초바늘이 _____바퀴 돌면 1분이 됩니다.
❸ 1㎥ 3㎤ = _____㎤입니다.
❹ 275.8의 소수 셋째자리 값은 _____입니다.
❺ 567 × 89 = 567 × 100 − 567 × ____

3. 계산해서 빈칸에 알맞은 답을 쓰시오.
　(문항별 10점, 5문항 50점)
❶ 2.51 × 12 = _____
❷ 123 × 999 = _____
❸ $2\frac{3}{8}+1\frac{6}{8}+\frac{1}{8}+3\frac{3}{8}$ = _____
❹ 124 × 423 − 24 × 423 = _____
❺ _____ ÷ 8 = 26 ⋯ 5

4. 물음에 답하시오. (문항별 10점, 5문항 50점)

(　)❶ 수학 경시대회에서 4,500명이 참가하여 모두 5개 학교로 나누고, 1개 학교는 3개 교실로 나누고, 1개 교실에서는 5개 분단으로 나누고, 1개 분단은 5줄로 나눈다면 1줄은 몇 명이 앉아있습니까?

(　)❷ 수지가 학교에 다니는 날은 2월 19일부터 4월 5일까지 이다. 수지가 학교에 다니는 날은 며칠입니까? (2월은 28일까지 입니다.)

(　)❸ 아버지는 매일 2시간 4분 동안 운동을 하신다. 아버지가 5일 동안 운동하는 시간을 구하시오.

(　)❹ 정육면체의 모든 변의 길이가 4배씩 증가하면 변의 길이가 증가한 정육면체의 부피는 원래 부피의 몇 배입니까?

(　)❺ 큰 수와 작은 수가 있다. 큰 수는 15.28이고 작은 수는 큰 수에 비해 0.82가 적다. 큰 수와 작은 수의 합을 구하시오.

2017년 국제수학심산경기대회(國際數學心算競賽大會)

이름(姓名) _____   초등 5학년(小學五年級)   1교시(第一節)
수험번호(參加證號碼)_____   제한시간 15분

점수(총점600점)

1. 다음을 선택하시오. (문항별 10점, 10문항 100점)

( )❶ 같은 시각에 각 지역의 기온을 그래프로 나타낼 때 적당한 그래프는 어느 것입니까?
(1) 꺾은선그래프 (2) 막대그래프 (3) 둘 다 좋다.

( )❷ 직각이 한 개 있는 삼각형은 무슨 삼각형이라고 합니까?
(1) 정삼각형 (2) 둔각삼각형 (3) 직각삼각형 (4) 이등변삼각형

( )❸ 피라미드 옆면은 어떤 모양입니까? (1)일정하지 않음 (2)정사면체 (3)삼각형 (4)평행사변형

( )❹ 0.11을 백분율로 나타내면 어느 것입니까? (1)11% (2) 110% (3) 0.11% (4) 1.1%

( )❺ (진분수 × 진분수)는 어떤 수가 나옵니까?
(1) 서로 다름 (2) 1과 같다 (3) 1보다 크다 (4) 1보다 작다

( )❻ 소수 4.321과 4.322 사이에 소수는 몇 개입니까? (1) 없다 (2) 99개 (3) 99개 (4)셀 수 없다.

( )❼ 5시간 10분과 5.1시간 중 어느 시간이 더 긴 시간입니까?
(1) 알 수 없다 (2) 5시간 10분 (3) 5.1시간 (4) 서로 같다

( )❽ $\frac{1}{24}$일은 몇 시간입니까? (1) 1시간 (2) 2시간 (3) 6시간 (4) 0.5시간

( )❾ 360÷a〈18, 240÷b〈10 일 때 a와 b의 관계가 맞는 것은 어느 것입니까?
(1) a〉b (2) a〈b (3) a=b (4) 일정하지 않음

( )❿ 사다리꼴 넓이를 구하는 방법은? (1) (윗변＋아랫변)×높이×2 (2) (윗변×아랫변)×높이×2
(3) (윗변＋아랫변)×높이 (4) (윗변＋아랫변)×높이÷2

2. 빈칸에 알맞은 수를 써넣으시오.
(문항별 10점, 10문항 100점)

❶~❸ a, b, c의 수를 찾으시오.
❶ a-12〉345 일 때, a의 가장 작은 수는 _____
❷ 6×b〉789 일 때, b의 가장 작은 수는 _____
❸ c ÷ 7 〈 890 일 때, c의 가장 큰 수는 _____

❹~❺ 전체에서 색칠한 부분을 백분율로 나타내시오.

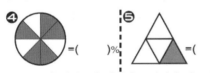

❹ =( )%   ❺ =( )%

❻~❿ 각 전개도와 관계있는 것끼리 이으시오.

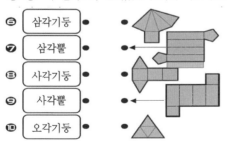

❻ 삼각기둥 •
❼ 삼각뿔 •
❽ 사각기둥 •
❾ 사각뿔 •
❿ 오각기둥 •

3. 계산하시오.(문항별 10점, 10문항 100점)

❶ 0.7㎢ $+ 24\frac{750}{1000}$a = _____ ha

❷ 9.8t $+ 7\frac{67}{100}$kg = _____ kg

❸ $4\frac{1}{12}$시 $+ 1.05$분 = _____ 초

❹ $7 × 64 ÷ 5 =$ _____

❺ $29 × \frac{5}{13} =$ _____

❻ $3\frac{5}{9} ÷ 28 =$ _____

❼~❿ 넓이를 구하시오. (단위 : cm)

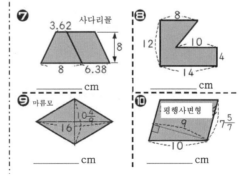

❼ 사다리꼴 _____ cm
❽ _____ cm
❾ 마름모 _____ cm
❿ 평행사변형 _____ cm

4. 물음에 답하시오. (문항별 10점, 10문항 100점)

( )❶ 사각기둥의 전개도입니다. 전개도의 넓이를 구하시오.

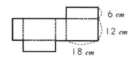

6 cm
12 cm
18 cm

( )❷ 위에 그린 전개도의 둘레의 길이는 얼마입니까?

( )❸ 수진이 한걸음은 0.735m이다. 만일 수진이가 147m를 가려면 몇 걸음 걸어야 합니까?

( )❹ 사탕 한 봉지를 6명의 친구들과 나누어 먹었는데 친구들은 각각 25개씩 먹었습니다. 사탕 한 봉지는 몇 개입니까?

( )❺ 한 장의 종이를 점선으로 자른 후 펼친 삼각형은 어느 것입니까?

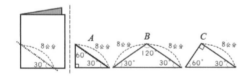

( )❻ $\dfrac{갑}{7} \times \dfrac{을}{7} = 1$ 일 때, 갑×을은 ?

( )❼ 다음 도형의 면적을 구하시오?

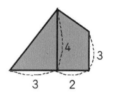

4
3
3   2

( )❽ 정사각형 토지의 면적이 4ha 일 때 한 변의 길이는 몇 m입니까?

| 정 사 각 형 |
| 토 지 |
| 면적 4ha |

( )❾ 바닷물 1kg에는 소금 33g이 들어있습니다. 바닷물 1kg에 들어있는 소금을 백분율로 나타내면 몇 %입니까?

( )❿ 형은 인터넷을 일주일 동안 14시간 42분 하였습니다. 형은 하루 평균 몇 시간 인터넷을 하였습니까?

1. 다음을 선택하시오. (문항별 10점, 5문항 50점)

( )❶ 기둥모양 도형에서 윗면과 밑면의 모양은 어떤 모양입니까?(1)다르다 (2)같다 (3)일정하지 않다

( )❷ 6시와 6시 15분 사이의 분침 각도는 몇 도입니까?(1) 15° (2) 20° (3) 90° (4) 150°

( )❸ 9%를 분수로 나타내면 어느 것입니까? (1) $\frac{1}{900}$ (2) $\frac{0.9}{100}$ (3) $\frac{0.9}{100}$ (4) $\frac{9}{100}$

( )❹ 두 자리 수에서 일의 자리 수와 십의 자리 수의 합이 9인 수를 분모로, 일의 자리 수와 십의 자리 수를 서로 바꾼 두 자리 수를 분자로 하면 $\frac{8}{3}$인 수는 어느 것입니까?

    (1) 27   (2) 36   (3) 45   (4)알 수 없다

( )❺ 소리는 초속 340m일 때, 지수가 번개를 보고 10초 후에 천둥소리를 들었다면 천둥번개 친 곳에서 얼마나 떨어져 있습니까? (1) 3060m   (2) 3400m   (3) 3406m   (4) 계산 불가능

2. 빈칸에 알맞은 수를 써넣으시오.
  (문항별 10점, 5문항 50점)

❶ 소수 0.001을 3번 계속해서 곱하면 답은 소수 _____ 째 자리까지 나온다.

❷ 변 AB는 _____cm입니다.
  각 ACB는 _____ ° 입니다.

❸ 변 DE는 _____cm입니다.
  각 DFE는 _____ ° 입니다.

❹ 25kg = _____ t(분수) = _____ t(소수)
❺ 64 ℓ = _____ kℓ(분수) = _____ kℓ(소수)

3. 빈칸에 알맞은 수를 써넣으시오.
  (문항별 10점, 5문항 50점)

❶ _____ ÷ 78 = 12.34...0.56
❷ 7시 40분 × 8 ÷ 5 = _____ 시 _____ 분
❸ $1\frac{17}{18} \div (2\frac{5}{6} + \frac{1}{2} - \frac{1}{3}) =$ _____

❹ 색칠한 부분의 면적을 구하시오.(단위: cm)

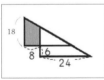

_____ cm²

❺ 색칠한 부분의 면적을 구하시오.(단위: cm)

_____ cm²

4. 물음에 답하시오. (문항별 10점, 5문항 50점)

( )❶ $\frac{8}{9} < \frac{161}{갑} < \frac{9}{10}$ 일 때,
  갑을 구하시오.

( )❷ 다음 삼각형 세변의 길이의 합이 68.28cm일 때, 삼각형의 면적을 구하시오.

28.28 cm

( )❸ 은지는 1분에 73.85m를 걷고, 홍조는 82.55m를 걷는다. 만일 두 사람이 30분간 반대로 걷는다면 두 사람 사이의 거리는 얼마입니까?

( )❹ 고급 식당에서 식사를 하면 봉사료로 10%를 지불합니다. 식사를 하고 2244원을 지불했다면 봉사료는 얼마입니까?

( )❺ 동물원에서 12마리 하마를 새 우리로 옮기려고 한다. 한 마리 하마 무게는 3200kg이다. 10톤짜리 지게차로 옮긴다면 적어도 몇 차례 옮겨야합니까?

1. 물음에 답하시오. (문항별 10점, 5문항 50점)

(　　)❶ 세 개의 식과 다른 하나는 어느 것입니까?

(1)$\frac{2}{5}$×6　(2)$\frac{1}{5}$×12　(3)5×4÷3　(4)3÷5×4

(　　)❷ 소수 0.26과 0.27사이에 소수 세 자리 수는 모두 몇 개 있습니까?

(1) 9개　(2)10개　(3) 300개　(4)아주 많다.

(　　)❸ 변의 전체 길이가 같을 때 면적이 가장 큰 도형은 어느 것입니까?

(1) 정사각형　(2) 평행사변형
(3) 직사각형　(4) 원형

(　　)❹ 소수 7.872에서 왼쪽에 있는 7의 값은 오른쪽에 있는 7의 값보다 어떠합니까?

(1) 6.93보다 작다　(2) 6.93보다 크다
(3) 모두 크다　(4) 0.32보다 작다

(　　)❺ 집에서 공원까지 아빠는 17분 30초, 엄마는 1080초, 동생은 0.32시간 걸립니다. 가장 빠른 사람과 가장 느린 사람의 차이는 몇 분입니까?

(1) 2분　(2) 2.4분　(3) 1.7분　(4) 4분

2. 계산해서 빈칸에 알맞은 답을 쓰시오.

(문항별 10점, 5문항 50점)

❶ 갑의 3배가 을과 같을 때, 갑은 을의 _____배 입니다.(분수로 답하시오)

❷ 12분 51초 = _____ 분이다.(소수로 답하시오.)

❸ 한 변의 길이가 2cm와 5cm인 정육면체 부피의 차이는 _____ ㎤입니다.

❹ 반지름이 3cm인 원의 면적이 28.26㎠이라면, 반지름이 9cm인 원의 면적은 28.26× ____ ㎠ 입니다.

❺ 동생은 매일 8시간씩 잔다. 동생이 자는 하루 시간을 분수로 나타내면 _____ 입니다.

3. 계산해서 빈칸에 알맞은 답을 쓰시오.

(문항별 10점, 5문항 50점)

❶ 6.7 - 4.315 + 0.89 = _____

❷ $2\frac{1}{5}$ + ($3\frac{1}{2}$ - $2\frac{1}{3}$) + ($5\frac{1}{5}$ - $4\frac{2}{5}$) = _____

❸ 4분 30초 ÷ (1분 15초×4)=_____분
(소수로 답 하시오)

❹ 135 ÷ _____ × 13 = 45

❺ 105.3 ÷ 24 = _____ ...
(소수 둘째자리까지 구하시오)

4. 물음에 답하시오. (문항별 10점, 5문항 50점)

(　　)❶ 300권의 책을 책꽂이 두 줄로 나누어 넣었습니다. 두 번째 줄의 책 68권을 첫 번째 줄로 옮기면 첫 번째 줄 책이 10권 많아집니다. 원래 두 번째 줄에 있었던 책은 몇 권입니까?

(　　)❷ 직육면체인 물통 안의 크기는 가로 4m, 세로 3m, 높이 1m입니다. 물통에 물을 8.1kℓ를 채우면 물의 깊이는 몇 cm 입니까?

(　　)❸ 갑, 을, 병, 정 네 사람의 평균 체중은 40kg, 을, 병, 정 세 사람의 평균 체중이 38kg이라면 갑의 체중은 몇 kg 입니까?

(　　)❹ 색칠한 부분의 면적을 구하시오.

24m

24m

(　　)❺ 갑은 1분에 100m를 달리고, 을은 1분에 90m를 달립니다. 두 사람이 달리기 시작한 15분 후의 거리 차이는 얼마입니까?

1. 다음을 선택하시오. (문항별 10점, 10문항 100점)

(   )❶ 갑과 을이 정비례하는 그래프를 고르시오. (1) (2) (3) (4)

(   )❷ $\frac{A}{4}$ $\frac{B}{}$ $\frac{C}{3}$ 직선상 A, B, C 세 점이 있고, B는 A와 C의 정중앙에 있으면 B는 몇입니까?

   (1) $\frac{5}{24}$ (2) $\frac{7}{24}$ (3) $\frac{5}{12}$ (4) $\frac{7}{12}$

(   )❸ 정육면체의 변의 길이가 원래 길이의 $\frac{1}{3}$로 변한다면 부피는 원래 부피의 몇 배입니까?

   (1) 불변   (2) $\frac{1}{9}$ (3) $\frac{1}{3}$ (4) $\frac{1}{27}$

(   )❹ 매분 걸어가는 거리를 속도로 표현한 것을 고르시오.(1) 분속   (2) 초속   (3) 시속

(   )❺ 좌표는 어느 한 개체의 무엇을 표시한 것입니까?(1) 무게   (2) 방향   (3) 크기   (4) 위치

(   )❻ 100번째 전봇대에서 150번째 전봇대까지의 간격은 몇 개입니까? (1) 51 (2) 52 (3) 50 (4) 49

(   )❼ 갑-을=12, 갑+을=34이고, 갑 > 을이다. 갑은 얼마입니까? (1) 11   (2) 23   (3) 34   (4 24

(   )❽ 등식 a+5=10을 통해 a를 구할 때, 등식의 양변에서 해야 하는 것은? (1)-5 (2)+5 (3)÷5 (4)×5

(   )❾ A+(B-C)와 같은 식은 어느 것입니까? (1)A-B+C (2)A-B-C (3)A+B+C (4)A+B-C

(   )❿ 확률은 반드시 어떤 수 사이에 있어야 하는가? (1)0~1 (2)0~10 (3)0~100 (4)1~2

2. 빈칸에 알맞은 답을 써넣으시오.
(문항별 10점, 10문항 100점)

❶ 시속 5.4km = 초속 _____m

❷ 80g의 125%는 _____g이다.

❸ 1.5L를 1이라고 할 때, 5.43L는_____이다.

❹ 200번째 정사각형은 _____색이다.(회색 또는 흰색)

(❺~❼)다음은 400m 달리기 시간을 기록한 표이다.

철수	1분 20초	영희	101초
민수	79초	은지	1분 40초

❺ 가장 빨리 뛴 사람은 _____입니다.

❻ 가장 느리게 뛴 사람은 _____입니다.

❼ 민수가 완주했을 때 은지는 도착지점까지 _____m 남아있었다.

(❽~❿)다음은 주사위를 던져서 100번 기록한 표이다

숫자	1	2	3	4	5	6
나온 횟수	17	15	18	14	19	17
확률	$\frac{17}{100}$				$\frac{19}{100}$	

❽ 6이 나올 확률은 _____입니다.

❾ 2보다 적거나 같은 수가 나올 확률은 _____%이다.

❿ 9가 나올 확률은 _____입니다.

3.다음을 계산하시오.(문항별 10점, 10문항 100점)

❶ $7.8 \div 2.5 \times 1.3 \div 0.5 =$ _____

❷ $0.45 \times (\frac{5}{8} + \frac{1}{4}) =$

❸ $a + \frac{2}{9} - 3\frac{1}{4} = \frac{7}{9}$, a = _____

❹ $b \div 3\frac{3}{4} = 2\frac{7}{11}$, b = _____

❺ 어떤 수와 $2\frac{3}{4}$을 곱한 값이 $8\frac{1}{3}$이다. 어떤 수는 _____입니다.

❻ 7.2km를 1이라고 할 때, 30%는 _____m 입니다.

(❼~❿)각 그림의 부피를 구하시오.
(단위 : cm)(π=3.14)

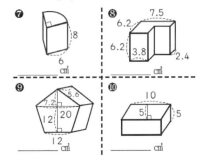

4. 빈칸에 적절한 답을 적으시오.

( )❶ 새가 매 시간 30km를 날아가면 분속은 몇 m입니까?

( )❷ 두 개의 원통의 부피 차는 얼마입니까?
(단위 : cm)(π=3.14)

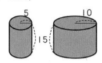

( )❸ 좌표(7, 9)에서 좌측으로 5칸, 아래로 5칸 이동하면 최종 위치의 좌표는 얼마입니까?

( )❹ 도로 공사 중 일주일에 896m를 완성하고자 한다. 공사를 매일 8시간씩 일을 하면, 매 시간 평균 몇 m를 완성해야 합니까?

( )❺ 철수의 가게에서 아침메뉴 세트를 30원에 파는데, 아침메뉴 세트는 샌드위치와 음료수로 구성되어있다. 만약 7종류의 샌드위치와 3종류의 음료수가 있다면 모두 몇 종류로 구성할 수 있습니까?

( )❻ 민수는 520원이 있는데 688원짜리 헬리콥터 장난감을 사고자 한다. 민수는 얼마가 부족합니까?

( )❼ 그림과 같이 생긴 샌드위치의 부피를 구하시오.

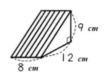

( )❽ 은지가 연필 공장의 품질을 검사하는데 100다스마다 3자루의 불량품이 발견된다면 불량품일 확률은 얼마입니까?
(1다스=12자루)

( )❾ 자전거는 앞, 뒤 2개의 바퀴가 있는데, 체인으로 움직인다. 앞, 뒤 바퀴의 비가 4:1이라면 뒷바퀴가 32바퀴 돌아갈 때 앞바퀴는 몇 바퀴 돌아갑니까?

( )❿ 배가 강의 하류에서 운행 중이다. 강의 흐름을 따라 운행할 때와 강의 흐름을 역행할 때의 속도는 12km/h(시속)의 차이가 있다. 강의 흐름을 따라 운행할 때의 속도가 36km/hr(시속)라 할 때 잔잔한 물에서의 배 속도를 구하시오.

1. 다음을 선택하시오.(문항별 10점, 10문항 100점)

(　　)❶ 높이와 밑면이 같은 각뿔과 각기둥에서 각뿔의 부피는 각기둥의 부피의 몇 배입니까?

(1) 1　(2) $\frac{1}{2}$　(3) $\frac{1}{3}$　(4) $\frac{1}{4}$

(　　)❷ 2, 4, 6, 8, …, 98, 100의 평균은? 얼마입니까? (1) 51　(2) 50.5　(3) 50　(4) 25.5

(　　)❸ 갑, 을, 병 세 수의 합은 1368, 갑과 병의 합은 1245이다. 을은 몇입니까?

(1) 123　(2) 125　(3) 127　(4) 129

(　　)❹ 철수는 반지름이 50m인 반원형 꽃밭을 10바퀴 도는데 8분 34초 걸린다. 철수가 반원형 꽃밭을 도는 초속을 구하시오.(π=3.14)　(1) 6m/s　(2) 5m/s　(3) 7m/s　(4) 4m/s

(　　)❺ 정비례를 나타내는 그래프에서 점과 점을 연결하는 선에 대한 설명으로 옳은 것을 고르시오.

(1) 원점을 통과하지 않는 곡선　　(2) 원점을 통과하는 곡선

(3) 원점을 통과하지 않는 직선　　(4) 원점을 통과하는 직선

2. 빈칸에 알맞은 수를 써넣으시오.
(문항별 10점, 5문항 50점)

❶ $\frac{1}{2} \rightarrow \frac{1}{5} \rightarrow \frac{1}{10} \rightarrow \frac{1}{17} \rightarrow \frac{1}{26} \rightarrow$ ＿＿＿＿＿

❷ 갑, 을의 두 수가 정비례할 때, 갑이 $3\frac{1}{9}$ 배 변할 때, 을은 몇 배변합니까? ＿＿＿＿

❸ 임의로 던진 두 개의 주사위에서는 몇 종류의 상황이 나타날 수 있습니까? ＿＿＿＿

❹ 마름모꼴의 긴 대각선+짧은 대각선=50cm, 긴 대각선과 짧은 대각선이 같을 때, 마름모 면적은? ＿＿＿＿cm²입니다.

❺ 60개의 정육각형은 ＿＿＿＿개의 성냥개비가 필요 하다. 500개의 성냥개비로는 ＿＿＿의 정육각형을 나열할 수 있습니다.

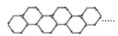

3. 계산하시오.(문항별 10점, 10문항 100점)

❶ $\frac{49}{50} \div 1\frac{2}{3} \times \frac{5}{14} \div 9 \times 1\frac{5}{7} =$ ＿＿＿＿

❷ $\frac{3}{4} + 4.25 \times ($ ＿＿＿ $- \frac{7}{8}) = 2\frac{15}{16}$

❸ $5\frac{1}{2} \times 6 - (38 - x) = 9$, $x =$ ＿＿＿＿

(❹~❺)다음 모형의 부피를 구하시오(단위: m)

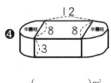

❹ (　　　　)m³

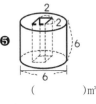

❺ (　　　　)m³

4. 물음에 답하시오. (문항별 10점, 5문항 50점)

(　　)❶ 4과목 시험 점수는 각각 83점, □2점, 9□점, 64점이다. 평균점수는 79점이다. □에 들어갈 숫자는 몇 개입니까?

(　　)❷ 고속도로에는 100m마다 표시판이 있다. 영희는 차 안에서 31개의 표시판을 세는데 1분 40초가 걸렸다면 차의 시속은 얼마입니까?

(　　)❸ 가, 나 톱니바퀴 2개가 서로 맞물려 있다. 가 톱니바퀴는 48개가 있고 8초에 400바퀴를 돈다. 나 톱니바퀴는 6초에 720바퀴를 돈다. 나 톱니바퀴의 개수는 몇 개입니까?

(　　)❹ 은지는 수학경시대회에 참가해 총50문제를 풀었다. 정답을 맞히면 2점을 얻고, 틀리면 1점을 잃게 된다. 은지가 88점을 받았다면 은지가 맞힌 문제의 수를 구하시오.

(　　)❺ 직육면체 어항의 길이와 폭은 각각 100cm 와 40cm이다. 원래 수면의 높이가 35cm이 고 크기가 같은 물고기를 10마리를 넣으면 수면은 38cm까지 상승한다. 물고기 한 마리 의 부피를 구하시오

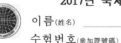
1. 다음을 선택하시오. (문항별 10점, 5문항 50점)

(　　)❶ 순소수를 제곱하면
　　　　(1) 곱하면 곱할수록 커진다.
　　　　(2) 곱할수록 작아진다.
　　　　(3) 변하지 않는다.　(4) 모두 맞다.

(　　)❷ 갑 < 을, 을 > 병 일 때
　　　　(1) 갑 > 병　　(2) 갑 < 병
　　　　(3) 갑 = 병　　(4) 모두 가능

(　　)❸ 서로 거리가 1km인 두 지점을 $\frac{1}{10000}$로
　　　　축소한 지도 위에 표시할 때 두 지점의
　　　　거리는 얼마입니까?
　　　　(1)1cm　(2)0.1cm　(3)10cm　(4)100cm

(　　)❹ 삼각형의 밑변이 3배 증가하고 높이가 변하
　　　　지 않으면 그 면적은 (1) 3배 증가한다.
　　　　(2) 6배 증가한다. (3) 불변한다. (4) 모른다.

(　　)❺ 직사각형 토지에 가로와 세로의 비가 5:3이
　　　　고 세로가 24m이면 면적은?
　　　　(1) 530m^2 (2) 960m^2 (3) 496m^2 (4) 584m^2

2. 빈칸에 적절한 답을 적으시오.
　　(문항별 10점, 5문항 50점)

❶ 거리가 일정하면 속도와 시간은 서로 _____ 한다.
❷ 두 개의 같은 동전을 동시에 던져서 앞, 뒤가 나
　올 확률은 _____ 이다.(분수로 나타내시오.)
❸ 가로 9m, 세로 8.4m인 땅을 $\frac{1}{60}$으로 축소하면
　면적은 _____ m^{2}이다.
❹ 철수가 100m 뛰는데 20초 걸리면
　분속은 _____ m이다.
❺ 8명이 3일간 완성할 수 있는 일을 만약 2명이
　일한다면 _____ 일 동안 해야 합니다.

3. 다음을 계산하시오. (문항별 10점, 5문항 50점)

❶ 9048 ÷ 20 + 9048 ÷ 80 = _____
❷ 37 × (19.6 ÷ 4) = _____
❸ 33 : 4 = _____ : 16
❹ 3 × ($\frac{3}{4}$ - $\frac{2}{3}$) + ($\frac{4}{7}$ - $\frac{1}{2}$) ÷ ($\frac{8}{35}$ × $\frac{4}{5}$) = _____
❺ 사선부분의 둘레 길이는?(단위 : cm)(π=3)

_____ cm
15

4. 빈칸에 적절한 답을 적으시오.
　　(문항별 10점, 5문항 50점)

(　　)❶ 면적이 9a인 정사각형 토지를 $\frac{1}{1000}$로
　　　　축소하면 축소 후 변의 길이는 몇 cm입
　　　　니까?

(　　)❷ 테니스채를 만드는 회사에서 1000개를
　　　　검사하면 불량이 3개 나온다. 만일 테니스
　　　　채를 1,200,000개 검사한다면 불량이
　　　　몇 개 나올 수 있습니까?

(　　)❸ 철수가 제 1차 시험을 본 6과목의 평균이
　　　　95점인데 만약 수학을 계산하지 않으면
　　　　5과목 평균이 94점이 된다. 수학은 몇 점
　　　　입니까?

(　　)❹ 길이가 16m인 끈을 두 개로 자른다.
　　　　두 개 중에서 짧은 끈은 긴 끈의 $\frac{3}{5}$ 배
　　　　이면 긴 끈의 길이는 몇 cm입니까?

(　　)❺ 3km의 도로 양쪽에 전봇대를 60cm 간격
　　　　으로 세우는데 도로 양쪽 끝에도 모두 세
　　　　운다. 전봇대 사이에 망고나무 2그루를
　　　　심는다면 망고나무는 몇 그루 심어야 합니
　　　　까?

2017년 국제수학심산경기대회(國際數學心算競賽大會) 답안지

유치 7세 · 초등 1학년 · 초등 2학년

문제	유치 1.선택	유치 2.넣기	유치 3.계산	유치 4.응용	문제	초1 1.선택	초1 2.넣기	초1 3.계산	초1 4.응용	문제	초2 1.선택	초2 2.넣기	초2 3.계산	초2 4.응용
1교시														
❶	2	( )(√)	10	9	❶	1	505	68	7봉지, 2개	❶	1	6분의5	169	갑
❷	4	( )(√)	18	2	❷	2	네모(정사각형)	67	9송이	❷	3	0	100	242원
❸	3	(√)( )	17	1	❸	3	동그라미(원)	22	9층	❸	1	8, 8	564	1원
❹	3	( )(√)	13	1, 1 (0, 3)	❹	4	10(십)	5	4시, 8시	❹	2	3	169	45원
❺	1	(√)( )	16	1, 4 (0, 14)	❺	1	0, 9	50	동생	❺	4	4	5, 88	588개
❻	2	( )(√)( )	8	4	❻	2	–	╳	15개	❻	1	네	╳	24개
❼	2	( )( )(√)	4	15	❼	3	+		22cm	❼	4	>		8개
❽	2	(√)( )( )	7	7	❽	4	(√)( )( )		22원	❽	1	<		13묶음
❾	3	( )(√)( )	6	3	❾	3	( )(√)( )		41자루	❾	3	=		162(그루)
❿	4	( )( )(√)	15	12	❿		( )( )(√)		100원	❿	3	>		130원
❶	3	19	15, 4	( )(√)( )	❶	1	(√)( )( )	38	16일	❶	3	15	8, 7, 3	8주 6일
❷	2	23	7, 1	( )( )(√)	❷	1	( )( )(√)	14	12시 (12:00)	❷	2	1000, 996	1, 5, 5	180
❸	1	16	12, 2	34, 26	❸	4	갑	0	30명	❸	4	101	1, 7, 2	3개
❹	4	14	16, 5	29, 45	❹	3	을	7, 1	61원	❹	1	103	700, 886	30m
❺	2	13	18, 7	12	❺	1	정	96, 78	45원	❺	3	170	292, 877	130원
2교시														
❶	1	(√)( )	15, 6	30	❶	1	37	132	85원	❶	1	61	88	142원
❷	3	( )(√)	5, 1	14	❷	2	99	50	3개	❷	3	14	94	19원
❸	4	(√)( )	15, 7	22	❸	2	63	48	90개	❸	4	74	10	66원
❹	2	33	9, 7	9	❹	4	35	62	93원	❹	2	373	96	65원
❺	3	10, 22	18, 7	24	❺	3	24	58	66원	❺	3	110	31	680원

초등 3학년 · 초등 4학년

문제	초3 1.선택	초3 2.넣기	초3 3.계산	초3 4.응용	문제	초4 1.선택	초4 2.넣기	초4 3.계산	초4 4.응용
1교시									
❶	4	<	0	$\frac{2}{13}$	❶	2	2	1, 6000	198㎠
❷	3	>	$\frac{10}{20}\left(\frac{1}{2}\right)$	1728㎥	❷	1	77	65, 19	B
❸	1	<	3	7시 20분	❸	3	$\frac{13}{12}$	76608	20000000명 (2천만 명)
❹	2	=	46, 4	144cm	❹	4	초	44.442	120㎖
❺	4	>	$\frac{7}{9}$	을	❺	4	분	117	10km
❻	1	=	$\frac{8}{13}$	50(종류)	❻	1	╳	$11\frac{31}{46}$	$\frac{3}{10}$ 개
❼	2	초	$\frac{6}{12}\left(\frac{1}{2}\right)$	24장	❼	3		$1\frac{1}{2}\left(1\frac{7}{14}\right)$	61.04kg
❽	3	분	5.1	126.5cm	❽	2		176	10시간 45분
❾	3	1, 40	4.3	515명	❾	1		4680	5시간
❿	4	2, 46	6	264㎠	❿	3		2856	20걸음(보)
❶	1	4, 46	$\frac{6}{9}\left(\frac{2}{3}\right)$	600g	❶	3	<	221.2	56cm
❷	2	10, 50	$\frac{9}{11}$	1.2km	❷	2	>	19, 25	15°(15도)
❸	2	╳	1	$\frac{1}{8}$ 조각, 9cm	❸	1	>	$\frac{45}{56}$	147개
❹	3		480, 60	1280㎠	❹	4	<	9375	6배
❺	4		936, 72	80cm	❺	4	=	148	999
2교시									
❶	2	10	$\frac{2}{99}$	150원	❶	4	0, 0	30.12	12명
❷	2	230	750	25봉지	❷	1	1	122877	46일
❸	4	5	510.3696	3150ℓ	❸	2	1000003	$7\frac{5}{8}$	10시간 20분
❹	1	1100	9	12시 10분	❹	3	0	42300	64배
❺	3	4, 0	3	660	❺	1	11	213	29.74

학년	초등 5학년					초등 6학년				
종목	문제	1.선택	2.넣기	3.계산	4.응용	문제	1.선택	2.넣기	3.계산	4.응용
1교시	❶	2	358	70.2475	792㎠	❶	3	1.5	8.112	500m
	❷	3	132	9807.67	144cm	❷	2	100	$\frac{63}{160}$	3532.5㎠
	❸	3	6229	14763	200걸음(보)	❸	4	3.62	$3\frac{29}{36}$	2. 4
	❹	1	62.5	$89.6(89\frac{3}{5})$	150개	❹	1	흰(백)	$9\frac{39}{44}$	16m
	❺	4	25	$11\frac{2}{13}$	B	❺	4	민수	$3\frac{1}{33}$	21종류
	❻	4	(선 잇기)	$\frac{8}{63}$	49	❻	3	영희	2160	168원
	❼	2		97.52	13㎠	❼	2	84	226.08	432㎠
	❽	1		104	200m	❽	1	$17\%(\frac{17}{100})$	201.128	$0.25\%(\frac{1}{400})$
	❾	2		$83\frac{5}{9}$	3.3%	❾	4	32	1478.4	8번
	❿	3		$69\frac{3}{7}$	2시간 6분	❿	1	0	250	30km
	❶	2	9	963.08	180	❶	3	$\frac{1}{37}$	$\frac{1}{25}$	7
	❷	3	12, 28	12, 16	200㎠	❷	1	$3\frac{1}{9}$	$1\frac{53}{136}$	108km
	❸	4	20, 60	$\frac{35}{54}$	4692m	❸	1	36	14	20개
	❹	1	$\frac{1}{40}$, 0.025	120	204원	❹	2	312.5	438.72	46문제
	❺	2	$\frac{8}{125}$, 0.064	160	4번	❺	4	301, 99	145.56	1200㎠
2교시	❶	3	$\frac{1}{3}$	3.275	213권	❶	2	반비례	565.5	3cm
	❷	1	12.85	$4\frac{1}{6}$	67.5cm	❷	4	$\frac{1}{2}$	181.3	3600개
	❸	4	117	0.9	46kg	❸	3	210	132	100점
	❹	2	9	39	144㎡	❹	1	300	$\frac{41}{64}$	10m
	❺	3	$\frac{1}{3}$	4.38, 0.18	150m	❺	2	12	37.5	200그루

MEMO

MEMO

MEMO